中国食品工业标准汇编

毒理学检验方法卷

国家食品安全风险评估中心
中　国　标　准　出　版　社　编

中国标准出版社

北　京

图书在版编目(CIP)数据

中国食品工业标准汇编. 毒理学检验方法卷/国家食品安全风险评估中心，中国标准出版社编. —北京：中国标准出版社，2018.12

ISBN 978-7-5066-8953-3

Ⅰ.①中… Ⅱ.①国…②中… Ⅲ.①食品工业—标准—汇编—中国②食品毒理学—食品检验—标准—汇编—中国 Ⅳ.①TS207.2

中国版本图书馆CIP数据核字(2018)第263068号

中国标准出版社出版发行
北京市朝阳区和平里西街甲2号(100029)
北京市西城区三里河北街16号(100045)

网址 www.spc.net.cn
总编室：(010)68533533 发行中心：(010)51780238
读者服务部：(010)68523946
中国标准出版社秦皇岛印刷厂印刷
各地新华书店经销
*
开本 880×1230 1/16 印张 15 字数 447 千字
2018年11月第一版 2018年11月第一次印刷
*
定价 80.00 元

编 委 会

主　　编：张　婧　王家祺
编写委员：李雨哲　王紫菲

出版说明

《中国食品工业标准汇编》是我国食品标准化方面的一套大型丛书，按行业分类分别立卷。本汇编为毒理学检验方法卷，由国家食品安全风险评估中心和中国标准出版社联合编制。

本汇编为首次出版，收录了截至2018年10月底发布的毒理学检验方法食品安全国家标准26项。

本汇编可供食品行业生产企业、科研单位的技术人员，各级食品监督、检验机构的人员，各管理部门的相关人员使用，也可供大专院校相关专业的师生参考。

编　者

2018年11月

目　录

中华人民共和国国家标准

GB 15193.1—2014

食品安全国家标准
食品安全性毒理学评价程序

2014-12-24 发布　　2015-05-01 实施

中华人民共和国
国家卫生和计划生育委员会　发布

前　言

本标准代替 GB 15193.1—2003《食品安全性毒理学评价程序》。

本标准与 GB 15193.1—2003 相比，主要修改如下：

——标准名称修改为"食品安全国家标准　食品安全性毒理学评价程序"；

——修改了范围；

——删除了术语和定义；

——修改了受试物的要求；

——修改了食品安全性毒理学评价试验的内容；

——修改了对不同受试物选择毒性试验的原则；

——修改了毒理学试验的目的；

——修改了各项毒理学试验结果的判定；

——修改了进行食品安全性评价时需要考虑的因素。

食品安全国家标准
食品安全性毒理学评价程序

1 范围

本标准规定了食品安全性毒理学评价的程序。

本标准适用于评价食品生产、加工、保藏、运输和销售过程中所涉及的可能对健康造成危害的化学、生物和物理因素的安全性,检验对象包括食品及其原料、食品添加剂、新食品原料、辐照食品、食品相关产品(用于食品的包装材料、容器、洗涤剂、消毒剂和用于食品生产经营的工具、设备)以及食品污染物。

2 受试物的要求

2.1 应提供受试物的名称、批号、含量、保存条件、原料来源、生产工艺、质量规格标准、性状、人体推荐(可能)摄入量等有关资料。

2.2 对于单一成分的物质,应提供受试物(必要时包括其杂质)的物理、化学性质(包括化学结构、纯度、稳定性等)。对于混合物(包括配方产品),应提供受试物的组成,必要时应提供受试物各组成成分的物理、化学性质(包括化学名称、化学结构、纯度、稳定性、溶解度等)有关资料。

2.3 若受试物是配方产品,应是规格化产品,其组成成分、比例及纯度应与实际应用的相同。若受试物是酶制剂,应该使用在加入其他复配成分以前的产品作为受试物。

3 食品安全性毒理学评价试验的内容

3.1 急性经口毒性试验。

3.2 遗传毒性试验。

3.2.1 遗传毒性试验内容。细菌回复突变试验、哺乳动物红细胞微核试验、哺乳动物骨髓细胞染色体畸变试验、小鼠精原细胞或精母细胞染色体畸变试验、体外哺乳类细胞 HGPRT 基因突变试验、体外哺乳类细胞 TK 基因突变试验、体外哺乳类细胞染色体畸变试验、啮齿类动物显性致死试验、体外哺乳类细胞 DNA 损伤修复(非程序性 DNA 合成)试验、果蝇伴性隐性致死试验。

3.2.2 遗传毒性试验组合。一般应遵循原核细胞与真核细胞、体内试验与体外试验相结合的原则。根据受试物的特点和试验目的,推荐下列遗传毒性试验组合:

组合一:细菌回复突变试验;哺乳动物红细胞微核试验或哺乳动物骨髓细胞染色体畸变试验;小鼠精原细胞或精母细胞染色体畸变试验或啮齿类动物显性致死试验。

组合二:细菌回复突变试验;哺乳动物红细胞微核试验或哺乳动物骨髓细胞染色体畸变试验;体外哺乳类细胞染色体畸变试验或体外哺乳类细胞 TK 基因突变试验。

其他备选遗传毒性试验:果蝇伴性隐性致死试验、体外哺乳类细胞 DNA 损伤修复(非程序性 DNA 合成)试验、体外哺乳类细胞 HGPRT 基因突变试验。

3.3 28 天经口毒性试验。

3.4 90 天经口毒性试验。

3.5 致畸试验。

3.6 生殖毒性试验和生殖发育毒性试验。
3.7 毒物动力学试验。
3.8 慢性毒性试验。
3.9 致癌试验。
3.10 慢性毒性和致癌合并试验。

4 对不同受试物选择毒性试验的原则

4.1 凡属我国首创的物质,特别是化学结构提示有潜在慢性毒性、遗传毒性或致癌性或该受试物产量大、使用范围广、人体摄入量大,应进行系统的毒性试验,包括急性经口毒性试验、遗传毒性试验、90天经口毒性试验、致畸试验、生殖发育毒性试验、毒物动力学试验、慢性毒性试验和致癌试验(或慢性毒性和致癌合并试验)。
4.2 凡属与已知物质(指经过安全性评价并允许使用者)的化学结构基本相同的衍生物或类似物,或在部分国家和地区有安全食用历史的物质,则可先进行急性经口毒性试验、遗传毒性试验、90天经口毒性试验和致畸试验,根据试验结果判定是否需进行毒物动力学试验、生殖毒性试验、慢性毒性试验和致癌试验等。
4.3 凡属已知的或在多个国家有食用历史的物质,同时申请单位又有资料证明申报受试物的质量规格与国外产品一致,则可先进行急性经口毒性试验、遗传毒性试验和28天经口毒性试验,根据试验结果判断是否进行进一步的毒性试验。
4.4 食品添加剂、新食品原料、食品相关产品、农药残留和兽药残留的安全性毒理学评价试验的选择。
4.4.1 食品添加剂
4.4.1.1 香料
4.4.1.1.1 凡属世界卫生组织(WHO)已建议批准使用或已制定日容许摄入量者,以及香料生产者协会(FEMA)、欧洲理事会(COE)和国际香料工业组织(IOFI)四个国际组织中的两个或两个以上允许使用的,一般不需要进行试验。
4.4.1.1.2 凡属资料不全或只有一个国际组织批准的先进行急性毒性试验和遗传毒性试验组合中的一项,经初步评价后,再决定是否需进行进一步试验。
4.4.1.1.3 凡属尚无资料可查、国际组织未允许使用的,先进行急性毒性试验、遗传毒性试验和28天经口毒性试验,经初步评价后,决定是否需进行进一步试验。
4.4.1.1.4 凡属用动、植物可食部分提取的单一高纯度天然香料,如其化学结构及有关资料并未提示具有不安全性的,一般不要求进行毒性试验。
4.4.1.2 酶制剂
4.4.1.2.1 由具有长期安全食用历史的传统动物和植物可食部分生产的酶制剂,世界卫生组织已公布日容许摄入量或不需规定日容许摄入量者或多个国家批准使用的,在提供相关证明材料的基础上,一般不要求进行毒理学试验。
4.4.1.2.2 对于其他来源的酶制剂,凡属毒理学资料比较完整,世界卫生组织已公布日容许摄入量或不需规定日容许摄入量者或多个国家批准使用,如果质量规格与国际质量规格标准一致,则要求进行急性经口毒性试验和遗传毒性试验。如果质量规格标准不一致,则需增加28天经口毒性试验,根据试验结果考虑是否进行其他相关毒理学试验。
4.4.1.2.3 对其他来源的酶制剂,凡属新品种的,需要先进行急性经口毒性试验、遗传毒性试验、90天经口毒性试验和致畸试验,经初步评价后,决定是否需进行进一步试验。凡属一个国家批准使用,世界卫生组织未公布日容许摄入量或资料不完整的,进行急性经口毒性试验、遗传毒性试验和28天经口毒性试验,根据试验结果判定是否需要进一步的试验。

4.4.1.2.4 通过转基因方法生产的酶制剂按照国家对转基因管理的有关规定执行。

4.4.1.3 其他食品添加剂

4.4.1.3.1 凡属毒理学资料比较完整，世界卫生组织已公布日容许摄入量或不需规定日容许摄入量者或多个国家批准使用，如果质量规格与国际质量规格标准一致，则要求进行急性经口毒性试验和遗传毒性试验。如果质量规格标准不一致，则需增加28天经口毒性试验，根据试验结果考虑是否进行其他相关毒理学试验。

4.4.1.3.2 凡属一个国家批准使用，世界卫生组织未公布日容许摄入量或资料不完整的，则可先进行急性经口毒性试验、遗传毒性试验、28天经口毒性试验和致畸试验，根据试验结果判定是否需要进一步的试验。

4.4.1.3.3 对于由动、植物或微生物制取的单一组分、高纯度的食品添加剂，凡属新品种的，需要先进行急性经口毒性试验、遗传毒性试验、90天经口毒性试验和致畸试验，经初步评价后，决定是否需进行进一步试验。凡属国外有一个国际组织或国家已批准使用的，则进行急性经口毒性试验、遗传毒性试验和28天经口毒性试验，经初步评价后，决定是否需进行进一步试验。

4.4.2 新食品原料

按照《新食品原料申报与受理规定》（国卫食品发〔2013〕23号）进行评价。

4.4.3 食品相关产品

按照《食品相关产品新品种申报与受理规定》（卫监督发〔2011〕49号）进行评价。

4.4.4 农药残留

按照GB 15670进行评价。

4.4.5 兽药残留

按照《兽药临床前毒理学评价试验指导原则》（中华人民共和国农业部公告第1247号）进行评价。

5 食品安全性毒理学评价试验的目的和结果判定

5.1 毒理学试验的目的

5.1.1 急性毒性试验

了解受试物的急性毒性强度、性质和可能的靶器官，测定LD_{50}，为进一步进行毒性试验的剂量和毒性观察指标的选择提供依据，并根据LD_{50}进行急性毒性剂量分级。

5.1.2 遗传毒性试验

了解受试物的遗传毒性以及筛查受试物的潜在致癌作用和细胞致突变性。

5.1.3 28天经口毒性试验

在急性毒性试验的基础上，进一步了解受试物毒作用性质、剂量-反应关系和可能的靶器官，得到28天经口未观察到有害作用剂量，初步评价受试物的安全性，并为下一步较长期毒性和慢性毒性试验剂量、观察指标、毒性终点的选择提供依据。

5.1.4 90天经口毒性试验

观察受试物以不同剂量水平经较长期喂养后对实验动物的毒作用性质、剂量-反应关系和靶器官，得到90天经口未观察到有害作用剂量，为慢性毒性试验剂量选择和初步制定人群安全接触限量标准提供科学依据。

5.1.5 致畸试验

了解受试物是否具有致畸作用和发育毒性，并可得到致畸作用和发育毒性的未观察到有害作用剂量。

5.1.6 生殖毒性试验和生殖发育毒性试验

了解受试物对实验动物繁殖及对子代的发育毒性，如性腺功能、发情周期、交配行为、妊娠、分娩、哺乳和断乳以及子代的生长发育等。得到受试物的未观察到有害作用剂量水平，为初步制定人群安全接触限量标准提供科学依据。

5.1.7 毒物动力学试验

了解受试物在体内的吸收、分布和排泄速度等相关信息；为选择慢性毒性试验的合适实验动物种(species)、系(strain)提供依据；了解代谢产物的形成情况。

5.1.8 慢性毒性试验和致癌试验

了解经长期接触受试物后出现的毒性作用以及致癌作用；确定未观察到有害作用剂量，为受试物能否应用于食品的最终评价和制定健康指导值提供依据。

5.2 各项毒理学试验结果的判定

5.2.1 急性毒性试验

如 LD_{50} 小于人的推荐(可能)摄入量的100倍，则一般应放弃该受试物用于食品，不再继续进行其他毒理学试验。

5.2.2 遗传毒性试验

5.2.2.1 如遗传毒性试验组合中两项或以上试验阳性，则表示该受试物很可能具有遗传毒性和致癌作用，一般应放弃该受试物应用于食品。

5.2.2.2 如遗传毒性试验组合中一项试验为阳性，则再选两项备选试验(至少一项为体内试验)。如再选的试验均为阴性，则可继续进行下一步的毒性试验；如其中有一项试验阳性，则应放弃该受试物应用于食品。

5.2.2.3 如三项试验均为阴性，则可继续进行下一步的毒性试验。

5.2.3 28天经口毒性试验

对只需要进行急性毒性、遗传毒性和28天经口毒性试验的受试物，若试验未发现有明显毒性作用，综合其他各项试验结果可做出初步评价；若试验中发现有明显毒性作用，尤其是有剂量-反应关系时，则考虑进行进一步的毒性试验。

5.2.4 90天经口毒性试验

根据试验所得的未观察到有害作用剂量进行评价，原则是：

a) 未观察到有害作用剂量小于或等于人的推荐(可能)摄入量的100倍表示毒性较强，应放弃该受试物用于食品；
b) 未观察到有害作用剂量大于100倍而小于300倍者，应进行慢性毒性试验；
c) 未观察到有害作用剂量大于或等于300倍者则不必进行慢性毒性试验，可进行安全性评价。

5.2.5 致畸试验

根据试验结果评价受试物是不是实验动物的致畸物。若致畸试验结果阳性则不再继续进行生殖毒性试验和生殖发育毒性试验。在致畸试验中观察到的其他发育毒性,应结合 28 天和(或)90 天经口毒性试验结果进行评价。

5.2.6 生殖毒性试验和生殖发育毒性试验

根据试验所得的未观察到有害作用剂量进行评价,原则是:

a) 未观察到有害作用剂量小于或等于人的推荐(可能)摄入量的 100 倍表示毒性较强,应放弃该受试物用于食品。

b) 未观察到有害作用剂量大于 100 倍而小于 300 倍者,应进行慢性毒性试验。

c) 未观察到有害作用剂量大于或等于 300 倍者则不必进行慢性毒性试验,可进行安全性评价。

5.2.7 慢性毒性和致癌试验

5.2.7.1 根据慢性毒性试验所得的未观察到有害作用剂量进行评价的原则是:

a) 未观察到有害作用剂量小于或等于人的推荐(可能)摄入量的 50 倍者,表示毒性较强,应放弃该受试物用于食品。

b) 未观察到有害作用剂量大于 50 倍而小于 100 倍者,经安全性评价后,决定该受试物可否用于食品。

c) 未观察到有害作用剂量大于或等于 100 倍者,则可考虑允许使用于食品。

5.2.7.2 根据致癌试验所得的肿瘤发生率、潜伏期和多发性等进行致癌试验结果判定的原则是(凡符合下列情况之一,可认为致癌试验结果阳性。若存在剂量-反应关系,则判断阳性更可靠):

a) 肿瘤只发生在试验组动物,对照组中无肿瘤发生。

b) 试验组与对照组动物均发生肿瘤,但试验组发生率高。

c) 试验组动物中多发性肿瘤明显,对照组中无多发性肿瘤,或只是少数动物有多发性肿瘤。

d) 试验组与对照组动物肿瘤发生率虽无明显差异,但试验组中发生时间较早。

5.2.8 其他

若受试物掺入饲料的最大加入量(原则上最高不超过饲料的 10%)或液体受试物经浓缩后仍达不到未观察到有害作用剂量为人的推荐(可能)摄入量的规定倍数时,综合其他的毒性试验结果和实际食用或饮用量进行安全性评价。

6 进行食品安全性评价时需要考虑的因素

6.1 试验指标的统计学意义、生物学意义和毒理学意义

对实验中某些指标的异常改变,应根据试验组与对照组指标是否有统计学差异、其有无剂量反应关系、同类指标横向比较、两种性别的一致性及与本实验室的历史性对照值范围等,综合考虑指标差异有无生物学意义,并进一步判断是否具毒理学意义。此外,如在受试物组发现某种在对照组没有发生的肿瘤,即使与对照组比较无统计学意义,仍要给予关注。

6.2 人的推荐(可能)摄入量较大的受试物

应考虑给予受试物量过大时,可能影响营养素摄入量及其生物利用率,从而导致某些毒理学表现,而非受试物的毒性作用所致。

6.3 时间-毒性效应关系

对由受试物引起实验动物的毒性效应进行分析评价时，要考虑在同一剂量水平下毒性效应随时间的变化情况。

6.4 特殊人群和易感人群

对孕妇、乳母或儿童食用的食品，应特别注意其胚胎毒性或生殖发育毒性、神经毒性和免疫毒性等。

6.5 人群资料

由于存在着动物与人之间的物种差异，在评价食品的安全性时，应尽可能收集人群接触受试物后的反应资料，如职业性接触和意外事故接触等。在确保安全的条件下，可以考虑遵照有关规定进行人体试食试验，并且志愿受试者的毒物动力学或代谢资料对于将动物试验结果推论到人具有很重要的意义。

6.6 动物毒性试验和体外试验资料

本标准所列的各项动物毒性试验和体外试验系统是目前管理(法规)毒理学评价水平下所得到的最重要的资料，也是进行安全性评价的主要依据，在试验得到阳性结果，而且结果的判定涉及到受试物能否应用于食品时，需要考虑结果的重复性和剂量-反应关系。

6.7 不确定系数

即安全系数。将动物毒性试验结果外推到人时，鉴于动物与人的物种和个体之间的生物学差异，不确定系数通常为100，但可根据受试物的原料来源、理化性质、毒性大小、代谢特点、蓄积性、接触的人群范围、食品中的使用量和人的可能摄入量、使用范围及功能等因素来综合考虑其安全系数的大小。

6.8 毒物动力学试验的资料

毒物动力学试验是对化学物质进行毒理学评价的一个重要方面，因为不同化学物质、剂量大小，在毒物动力学或代谢方面的差别往往对毒性作用影响很大。在毒性试验中，原则上应尽量使用与人具有相同毒物动力学或代谢模式的动物种系来进行试验。研究受试物在实验动物和人体内吸收、分布、排泄和生物转化方面的差别，对于将动物试验结果外推到人和降低不确定性具有重要意义。

6.9 综合评价

在进行综合评价时，应全面考虑受试物的理化性质、结构、毒性大小、代谢特点、蓄积性、接触的人群范围、食品中的使用量与使用范围、人的推荐(可能)摄入量等因素，对于已在食品中应用了相当长时间的物质，对接触人群进行流行病学调查具有重大意义，但往往难以获得剂量-反应关系方面的可靠资料；对于新的受试物质，则只能依靠动物试验和其他试验研究资料。然而，即使有了完整和详尽的动物试验资料和一部分人类接触的流行病学研究资料，由于人类的种族和个体差异，也很难做出能保证每个人都安全的评价。所谓绝对的食品安全实际上是不存在的。在受试物可能对人体健康造成的危害以及其可能的有益作用之间进行权衡，以食用安全为前提，安全性评价的依据不仅仅是安全性毒理学试验的结果，而且与当时的科学水平、技术条件以及社会经济、文化因素有关。因此，随着时间的推移，社会经济的发展、科学技术的进步，有必要对已通过评价的受试物进行重新评价。

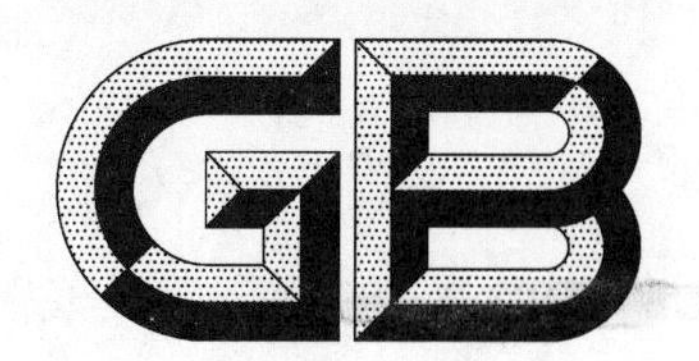

中华人民共和国国家标准

GB 15193.2—2014

食品安全国家标准
食品毒理学实验室操作规范

2014-12-24 发布　　　　2015-05-01 实施

中华人民共和国
国家卫生和计划生育委员会　发布

前　　言

本标准代替 GB 15193.2—2003《食品毒理学实验室操作规范》。

本标准与 GB 15193.2—2003 相比，主要变化如下：

——标准名称修改为“食品安全国家标准　食品毒理学实验室操作规范”；

——修改了范围；

——修改了术语和定义；

——修改了人员和组织；

——修改了实验室；

——修改了检验的方案设计与实施；

——修改了记录和资料；

——修改了试验报告；

——修改了环境；

——修改了实验动物以及动物房中的内容；

——增加了试验过程的质量保证；

——增加了试验准备；

——增加了试验实施；

——增加了报告与解释；

——增加了资料、标本的保存要求。

食品安全国家标准
食品毒理学实验室操作规范

1 范围

本标准规定了食品毒理学实验室操作的要求。
本标准适用于进行食品毒理学试验的实验室。

2 术语和定义

2.1 实验室负责人

全面负责实验室各项工作,确保试验按照实验室操作规范要求进行运作的人。

2.2 项目负责人

全面负责开展某种受试物毒理学试验工作的人。

2.3 质量保证人员

熟悉检验工作的特定人员,他们不参与所监督的试验,通过监督试验过程,从而保证实验室工作符合相关规范的要求。

2.4 标准操作规程

常规试验操作的执行细则。

2.5 试验计划

明确规定试验目的和试验设计等相关信息的书面材料。

2.6 原始资料

试验研究过程中各项试验活动的观察记录,包括所有试验记录及数据、自动分析测试仪器上的记录资料、照片和声像记录、原件或复印件、计算机可读介质等。

2.7 试验系统

用于测试受试物毒性的系统,如实验动物、微生物、细胞和亚细胞组分以及其他生物、化学、物理系统。

2.8 样品

由委托方送检或由第三方抽取的有代表性的样本。

2.9 受试物

被测试的单一成分或混合物。

2.10 对照物

在研究中用作与受试物对比的物质。

2.11 标本

从试验系统中获取的一个或多个用来检验、分析或者保存的材料。

2.12 剂量

在试验中给予试验系统受试物的量。

2.13 批

在同一个特定的生产过程中生产的一批受试物或对照物，它们的性质应完全一致。

2.14 试验开始日期

开始记录原始资料的第一个日期。

2.15 试验结束日期

记录原始资料的最后一个日期。

2.16 项目起始日期

实验室负责人或授权签字人签署研究计划的日期。

2.17 项目结束日期

实验室负责人或授权签字人签署最终报告的日期。

2.18 动物福利

让动物在健康快乐的状态下生存，其标准包括动物无任何疾病，无行为异常，无心理紧张、压抑和痛苦等。

3 组织和人员

3.1 实验室应取得相应资质（计量认证/实验室认可），应配备实验室负责人、项目负责人、相应的试验人员和辅助工作人员。

3.2 实验室负责人的职责为：

——确保有充足的有资格的人员，并按规定履行职责；

——每个项目开始前，确定项目负责人；

——确保各种设施、设备和试验条件符合规定；

——组织制定和修改标准操作规程，确保试验人员掌握相关的标准操作规程；

——组织制定计划表，审查批准试验计划和试验报告，掌握各项试验的进展；

——成立实验动物伦理委员会。

3.3 项目负责人对所承担项目的全过程负责，并应接受实验室负责人的指导，项目负责人职责至少还包括：

——提出试验计划并组织试验人员进行试验；确保按照试验计划以及相应的标准操作规程(standard operating procedures，SOPs)进行试验，任何试验计划的偏离都应按程序得到确认，变动内容和变动原因应记录并备案；

——确保所有原始资料完整、真实地记录；对试验数据的有效性及试验过程符合本标准要求负责。

3.4 试验人员应接受项目负责人指导，严格按照试验计划和SOPs进行操作。不同岗位人员应参加相应的继续教育计划并接受质量管理方面的专门培训。动物试验操作人员、阅片(遗传毒理学及毒性病理学等)人员等，应给予专门的技术培训并需获取相应的资格或授权。

3.5 实验室应授权专人从事特定工作，如动物饲养、检疫、解剖、取材、特定类型仪器设备的操作、实验室信息系统的操作等，必要时应获取相应的资格(如动物饲养员和高压容器操作人员等)。

3.6 动物试验相关人员应定期(每年一次)接受健康检查，患有妨碍实验动物工作疾病的人员不得从事实验动物工作。

4 试验过程的质量保证

4.1 实验室应设立质量保证人员。质量保证人员由机构负责人直接任命，直接对机构负责，并且熟悉试验过程。

4.2 质量保证人员不参与所监督项目的试验工作。

4.3 质量保证人员应监督环境设施、设备及标准物质是否符合试验要求，试验项目是否严格按照试验计划进行，试验操作是否规范，是否严格按照现有的SOPs进行，检验数据及结果评价是否正确等。

4.4 质量保证人员应实施检查，如实保存检查记录并签字、存档。检查发现的问题应及时通知项目负责人和实验室负责人，必要时有权暂停试验。

5 试验准备

5.1 样品的接收、保存和转运

5.1.1 样品采用唯一性标识。

5.1.2 设立专人保管样品，对样品出入库时间、接收数量、保存方法、试验用量、剩余样品量进行记录并签名。

5.1.3 了解样品的特征，如批号、纯度、成分、浓度、稳定性、溶解度、保存条件及试验条件的相关内容。根据样品的物理、化学、生物学特性、加工工艺以及包装方式等信息确定适当的保存和运送方法，并将有关信息送达相关人员。

5.2 检验方法和标准操作规程

5.2.1 检验方法应参照GB 15193.1进行，必要时也可使用非标准方法，但需经过一定的程序，以判断、验证和确认非标方法的有效性。

5.2.2 实验室应具备与试验相关的SOPs，并经实验室负责人审核批准。根据试验需要及时更新SOPs。试验人员应能及时方便地获取所需现行有效的SOPs。

5.2.3 检验工作中对标准操作规程的偏离应该记录在案，并评估偏离对试验结果的影响，做出终止试验还是继续试验的综合判断。

5.2.4 SOPs应至少包括以下内容：

a) 受试物：接收、确认、标记、处理、取样和保存；

b） 设备：使用、维护、清洁与校准；
c） 材料、试剂和溶液：制备与标记；
d） 计算机系统：验证、操作、维护、安全、变化控制与备份；
e） 记录的保存、报告、储存：项目编号、数据收集、报告的准备、索引系统、数据的处理，包括计算机化系统的使用；
f） 试验系统：试验系统（实验动物、细胞株等）的接收、转移，正确放置、特性描述、识别以及管理的程序；
g） 试验系统的准备、观察和检查；
h） 实验期间实验动物个体濒死或者死亡时的处理；
i） 标本的收集、确认和处理；
j） 废弃物处理；
k） 质量保证程序：在计划、日程安排、执行、记录和报告检查中质量保证人员的操作。

5.3 试验设备、试剂、实验动物和耗材

5.3.1 实验室应配备满足检测的所需设备。应明确设备能够达到并符合相关检验所要求的条件。

5.3.2 实验室应建立程序，用于定期检测、维护和校准设备。

5.3.3 接受过培训并被授权的人员方可操作设备。

5.3.4 实验室人员应对采购的试剂、耗材进行核查、验收，其质量应满足试验所需的要求，在其有效期内使用，存放条件满足要求。

5.3.5 应向有实验动物生产许可证的单位订购实验动物，并需附有实验动物质量合格证。

5.4 设施与环境

5.4.1 设施和环境应符合 GB 50447、GB 19489 和 ISO 15190 及相关规定。

5.4.2 实验室应按照有效运作的宗旨进行设计和布局。如果相邻的试验区域开展相互影响的试验，必须进行必要的分隔。应采取措施防止交叉污染。对特殊工作区域应明确标识并能有效控制、监测和记录。

5.4.3 实验室中的检验设施应利于有效地进行检验工作。这些设施至少包括能源、光照、供水、通风、压力、温湿度调节、废弃物处置及消毒等。

5.4.4 应提供相应的存储空间和条件，用于样品、菌株、细胞株、组织块、切片、文件、手册、设备、试剂、记录以及检验结果等的存放和保管，并有专人进行管理。

5.4.5 当环境因素可能影响检验结果时，实验室应监测、控制并记录环境条件。应特别注意洁净度、温湿度、动物房空气氨浓度、落下菌数、压强梯度、噪声、辐射（必要时）等的变化情况。

5.4.6 实验动物饲养环境与条件应符合 GB 5749、GB 14922.1、GB 14922.2、GB 14924.1、GB 14924.2、GB 14925 及相关规定。

5.4.6.1 应控制人员进入或使用会影响检验质量的区域。应采取适当的措施保护受试物及设施、环境的安全，防止无关人员接触。

5.4.6.2 动物饲养设施应满足开展食品毒理学试验的要求，达到相应国家标准和部门规章的要求，并获取相应级别的实验动物使用许可证。动物饲料、垫料、笼具、饮水卫生等均应满足相应级别动物房管理的要求。

5.4.6.3 根据动物种属、品系、来源或试验项目进行分隔饲养，并能隔离患病动物等。

5.4.6.4 对已知具有危害的受试物（包括挥发性成分、放射性物质、生物性危害及具有“三致”危害的物质），必须在独立的特别动物室或区域试验，以防环境污染。

5.4.6.5 应有独立的实验动物检疫区、配备动物福利及收集动物排泄物的设施。

6 试验实施

6.1 试验计划

6.1.1 试验前应制定试验计划，并作为原始资料予以保存。

6.1.2 试验计划内容至少应包括：

a) 样品名称及受理编号；
b) 试验项目名称及试验目的；
c) 委托方名称，地址；
d) 实验室名称、地址；
e) 项目负责人、试验人员名单及分工；
f) 动物伦理审查，制定包括尽量减少操作过程中动物的不适，濒死动物以及试验结束后实施安乐死等方案；
g) 试验的时间安排；
h) 样品和对照物的前处理方法；
i) 试验方法的确定；
j) 试验的环境条件；
k) 试验系统的选择及分组方法；
l) 预试验实施方案(必要时)；
m) 具体给予受试物的方法，如剂量、途径、频率、持续时间等；
n) 标本采集及指标检查，包括血液学、生化学和病理学检查等；
o) 试验记录的内容，试验数据的统计分析方法；
p) 试验过程中异常情况应采取的措施预案；
q) 试验过程中及结束后有毒有害物质(如阳性对照物)和实验动物及细胞组织等的无害化处理方案。

6.1.3 试验计划由项目负责人拟定，经由实验室负责人签字批准后实施。

6.1.4 应保证在试验开始前，参与试验项目的每一个试验人员都知悉试验计划内容。

6.1.5 试验过程中如发现试验计划存在问题，则应根据具体情况，决定是否暂停或终止试验，必要时修改试验计划，修改后的试验计划由实验室负责人重新审批。

6.2 试验系统准备和分组

6.2.1 试验系统准备：

a) 试验系统的选择应按照试验计划的要求，能满足试验项目检验的需要。
b) 应确保试验系统来源清楚，品系明确，已知其生物学特点；实验动物应经检疫确认健康后方能进行试验。
c) 试验系统的来源、种系、细胞传代数、到达时间以及健康和生长状况等应记录备案。
d) 进口、采购、采集、使用和处置这些试验系统时应符合国家相关法规和标准的要求。

6.2.2 试验系统分组：

a) 应按试验计划的要求设立各剂量组以及必要的对照组等；
b) 试验系统分组应遵循统计学的要求，各组试验系统的数量应能满足试验方法及结果统计的技术要求；
c) 实验动物应采用恰当的方法进行标识，保证试验期内标识清晰可辨；
d) 试验系统分组后在饲养笼或培养容器上应有标签标明项目名称、品系、性别、组别、分组日期、试验开始日期、项目负责人及其他必要的相关信息。

6.3 受试物前处理及试剂配制

6.3.1 受试物的处理方法不应破坏或改变其化学结构、成分及生物活性。

6.3.2 受试物、对照物与溶媒的混合物应符合试验要求。所用溶媒应对混合物中受试物或对照物特性、试验系统、程序实施及测试结果没有干扰作用。

6.3.3 应考虑受试物在溶媒中的稳定性，必要时应采取适当措施最大限度降低其影响，如其易被氧化或易分解，应在使用前新鲜配制。

6.3.4 应保证受试物在溶媒中分散均匀。对不溶于溶媒的某些粉末状物质，可配制成混悬液并在给样操作前充分混匀。

6.3.5 受试物处理完成后应及时标识，至少包括以下信息：受试物名称、试验项目、受试物浓度、溶媒名称、配制或处理日期、失效日期、保存方法、配制人。

6.3.6 试剂的配制应注意以下要求：

a） 试剂的称量、稀释或浓缩、定容及调节 pH 等操作均应严格遵照 SOPs；

b） 试剂与溶液应妥善保管，在称取和使用时避免污染和变质；

c） 试剂有明确标识，至少包括名称、浓度、配制日期、失效日期、保存要求和配制人。

6.4 试验操作

6.4.1 受试物给样方式：

a） 应遵照试验计划给予试验系统受试物及对照物，确保给予量准确、给样方式一致；

b） 对于培养细胞或细菌，应严格进行无菌操作，避免污染，应保证所给受试物及对照物均匀分布于培养及生长环境中；

c） 试验过程中发现试验系统出现意外情况，如非受试物因素造成动物发生疾病、死亡或培养细胞受到污染等，应立即报告项目负责人，及时采取补救措施，并做好试验人员和环境的安全防护工作；

d） 根据受试物对实验动物的适口性，选择适当的受试物给予方式（掺入饲料、灌胃或饮水）。

6.4.2 试验观察：

a） 试验过程中应按试验计划的要求对试验系统进行观察；

b） 对实验动物的大体观察主要包括外观、行为、中毒体征和死亡情况等；

c） 对于培养细胞的观察主要包括细胞的形态、数量、生长状况等是否异常，培养液颜色、透明度是否改变，以便及时发现细胞损伤或污染等异常情况；

d） 对于菌落的观察主要包括菌落的大小、边缘、颜色、形状、光泽度等，判断菌落的生长状况，以及是否受到污染等。

6.4.3 生物标本的采集、处理和检测：

a） 采集生物标本时，生物标本和容器有明确的编号，所用的器具及盛装容器不应被可能影响试验结果的物质污染；

b） 实验动物标本采集的时机应满足试验的要求；

c） 对采集的生物标本应尽早进行检测或处理，如需贮存，则应选择适当贮存方法；

d） 对不同个体生物标本进行检测时应注意防止交叉污染，并尽快完成。

6.5 试验记录

6.5.1 试验过程应准确及时地记录，并签署记录人姓名和日期。

6.5.2 应准确记录试验环境条件与仪器设备，受试物和试剂的配制方法、试验过程、观察和检测结果、统计等详细信息。

6.5.3 记录应清晰明确，便于检索，并符合有关规定。

6.5.4 对记录的修改应符合有关规范的要求。记录的所有改动应有改动人的签名或盖章。电子存储的记录也应达到同等要求。

6.6 数据统计分析及结果评价

6.6.1 试验数据统计分析：

a) 应遵照试验计划的统计方法对原始数据进行统计分析；

b) 数据录入文件及统计结果的输出文件均应作为原始记录予以保存；

c) 如剔除某些数据，应提供依据；

d) 对于组织病理学检查等描述性试验结果，必要时对异常发生率进行统计分析。

6.6.2 试验结果评价：

a) 应综合考虑数据的统计学意义、生物学意义和毒理学意义；应注意试验组与对照组之间的差异以及不同剂量组之间的差异，以求发现受试物可能的毒性作用及其剂量-效应/反应关系；当数据分析出现统计学意义时，在下结论之前应考虑检测指标是否在本实验室正常参考值范围，是否存在剂量-反应关系等，从而帮助判断受试物是否具有毒性作用；应考虑大体解剖检查以及相应标本的组织病理学检查之间的联系，并注意病理学与生化检查结果的关联性。

b) 应综合考虑受试物的理化性质、成分及配方、毒性大小、代谢特点、蓄积性、接触的人群范围、食品中的使用量与使用范围、人的可能摄入量等因素进行评价。

6.7 废弃物、样品的处理

6.7.1 废弃物(如动物尸体、标本、阳性物等)的处理应符合 ISO 15190、GB 19489、GB 15193 及相关规定。

6.7.2 样品按有关规定的保存期限和保存条件进行保存，到期需经实验室负责人审批后方可进行处置；样品的分类处置要符合相关的安全环保规定。处置样品的流向及数量应记录。

7 报告与解释

7.1 实验室制定检验结果发布过程的程序，包括检验报告的编制、审核、签发形式等。

7.2 实验室负责人应组织制定报告的格式。

7.3 当有必要修改并重出新的检验报告时，应注以修改件标识，并注明所替代的原件。

8 资料、标本的保存

8.1 试验结束后，项目负责人必须将有关试验的原始记录、试验计划、试验报告、质量保证人员的检查记录等资料按标准操作规程的要求进行保管。

8.2 应保留检验报告的正本(包括原始记录)及电子化文本，且保存时间至少 5 年。工作人员技术档案、仪器设备档案等应长期保存。

8.3 试验标本应按相应 SOPs 进行管理或处理。

中华人民共和国国家标准

GB 15193.3—2014

食品安全国家标准
急性经口毒性试验

2014-12-24 发布 2015-05-01 实施

中华人民共和国
国家卫生和计划生育委员会 发布

前 言

本标准代替 GB 15193.3—2003《急性毒性试验》。

本标准与 GB 15193.3—2003 相比，主要变化如下：

——标准名称修改为“食品安全国家标准　急性经口毒性试验”；

——修改了范围；

——增加了试验报告和试验的解释；

——修改了实验动物和试验方法；

——删除了最大耐受剂量法，增加了限量法和上-下法；

——修改了附录。

食品安全国家标准
急性经口毒性试验

1 范围

本标准规定了急性经口毒性试验的基本试验方法和技术要求。

本标准适用于评价受试物的急性经口毒性作用。

2 术语和定义

2.1 急性经口毒性

一次或在24 h内多次经口给予实验动物受试物后，动物在短期内出现的毒性效应。

2.2 半数致死量(LD_{50})

经口一次或24 h内多次给予受试物后，能够引起动物死亡率为50%的受试物剂量，该剂量为经过统计得出的计算值。其单位是每千克体重所摄入受试物质的毫克数或克数，即mg/kg体重或g/kg体重。

3 试验目的和原理

急性经口毒性试验是检测和评价受试物毒性作用最基本的一项试验，即经口一次性或24 h内多次给予受试物后，在短期内观察动物所产生的毒性反应，包括中毒体征和死亡，通常用LD_{50}来表示。

该试验可提供在短期内经口接触受试物所产生的健康危害信息；作为急性毒性分级的依据；为进一步毒性试验提供剂量选择和观察指标的依据；初步估测毒作用的靶器官和可能的毒作用机制。

4 试验方法

4.1 受试物

4.1.1 受试物的配制

应将受试物溶解或悬浮于合适的溶媒中，首选溶媒为水，不溶于水的受试物可使用植物油(如橄榄油、玉米油等)，不溶于水或油的受试物亦可使用羧甲基纤维素、淀粉等配成混悬液或糊状物等。受试物应新鲜配制，有资料表明其溶液或混悬液储存稳定者除外。

4.1.2 受试物的给予

4.1.2.1 途径

经口灌胃。

4.1.2.2 试验前禁食

试验前动物需禁食，一般大鼠需整夜禁食(一般禁食16 h左右)，小鼠需禁食4 h～6 h，自由饮水。

给予受试物后大鼠需继续禁食 3 h～4 h，小鼠需继续禁食 1 h～2 h。若采用分批多次给予受试物，可根据染毒间隔时间的长短给动物一定量的饲料。

4.1.2.3 灌胃体积

各受试物组的灌胃体积应相同，大鼠为 10 mL/kg 体重，小鼠为 20 mL/kg 体重。如果溶媒为水，大鼠最大灌胃体积可达 20 mL/kg 体重，小鼠可达 40 mL/kg 体重。

4.1.2.4 方式

一般一次性给予受试物。也可一日内多次给予(每次间隔 4 h～6 h，24 h 内不超过 3 次，尽可能达到最大剂量，合并作为一次剂量计算)。

4.1.2.5 观察期限

一般观察 14 d，必要时延长到 28 d，特殊应急情况下至少观察 7 d。

4.2 实验动物

4.2.1 动物选择

实验动物的选择应符合国家标准和有关规定(GB 14923、GB 14922.1、GB 14922.2)。选择两种性别的健康成年大鼠(180 g～220 g)和(或)小鼠(18 g～22 g)，或选用其他实验动物。雌性动物应是未交配过、未妊娠的。同性别实验动物个体间体重相差不超过平均体重的±20%。

4.2.2 动物准备

试验前实验动物在试验环境中至少应进行 3 d～5 d 环境适应和检疫观察。

4.2.3 动物饲养

实验动物饲养条件、饮用水、饲料应符合国家标准和有关规定(GB 14925、GB 5749、GB 14924.1、GB 14924.2、GB 14924.3)。每个受试物组动物按性别分笼饲养。每笼动物数以不影响动物自由活动和观察动物的体征为宜。对某些受试物常引起的特殊生物学特性及毒性反应(如易激动、互斗相残等)可作单笼饲养。试验期间实验动物喂饲基础饲料，自由饮水。

4.3 几种常用的急性毒性试验设计方法

4.3.1 霍恩氏(Horn)法

4.3.1.1 预试验

根据受试物的性质和已知资料，选用下述方法：一般多采用 100 mg/kg 体重，1 000 mg/kg 体重和 10 000 mg/kg 体重的剂量，各以 2 只～3 只动物预试。根据 24 h 内死亡情况，估计 LD_{50} 的可能范围，确定正式试验的剂量组。也可简单地直接采用一个剂量，如 215 mg/kg 体重，用 5 只动物预试。观察 2 h 内动物的中毒表现。如中毒体征严重，估计多数动物可能死亡，即可采用低于 215 mg/kg 体重的剂量系列进入正式试验；反之中毒体征较轻，则可采用高于此剂量的剂量系列。如有相应的文献资料时可不进行预试。

4.3.1.2 正式试验

4.3.1.2.1 动物数

一般每组 10 只动物，雌雄各半。

4.3.1.2.2 常用剂量系列

$$\left.\begin{matrix}1.00\\2.15\\4.64\end{matrix}\right\}\times 10^{t} \qquad t=0,\pm1,\pm2,\pm3$$

$$\left.\begin{matrix}1.00\\3.16\end{matrix}\right\}\times 10^{t} \qquad t=0,\pm1,\pm2,\pm3$$

因为剂量间距较$\left.\begin{matrix}1.00\\3.16\end{matrix}\right\}\times 10^{t}$ $t=0,\pm1,\pm2,\pm3$ 为小,所以结果较为精确。一般试验时,可根据上述剂量系列设计5个组,即较原来的方法在最低剂量组以下或最高剂量组以上各增设一组,这样在查表时容易得出结果。

4.3.1.2.3 观察

观察期内记录动物死亡数、死亡时间及中毒表现等,根据每组死亡动物数和所采用的剂量系列,查表求得 LD_{50}(见附录A)。

4.3.2 限量法(limit test)

4.3.2.1 适用范围

该方法适用于有关资料显示毒性极小的或未显示毒性的受试物,给予动物一定剂量的受试物,仍不出现死亡。

4.3.2.2 动物数

一般选20只动物,雌雄各半。

4.3.2.3 剂量

一般选用剂量至少应为10.0 g/kg体重,如剂量达不到10.0 g/kg体重,则给予动物最大剂量(最大使用浓度和最大灌胃体积)。

4.3.2.4 观察

给予受试物后,观察期内无动物死亡,则认为受试物对某种动物的经口急性毒性耐受剂量大于某一数值,其 LD_{50} 大于该数值。如果动物出现死亡应选择其他方法。

4.3.3 上-下法(up-down procedure,UDP)

4.3.3.1 适用范围

该方法主要适用于纯度较高、毒性较大、摄入量小且在给予受试物后动物1 d~2 d内死亡的受试物,对预期给予受试物后动物在5 d及以后死亡的受试物不适用。可按照试验者选择的剂量序列或在专用软件包指导下进行试验,并对试验结果进行统计。

4.3.3.2 上-下法限量试验

以2 000 mg/kg体重剂量先给1只动物受试物,如果动物在48 h内死亡,应进行正式试验。如果动物在48 h内存活,另取4只动物以相同的剂量给予受试物,如5只动物中有3只死亡,应进行正式试验;如3只及以上的动物存活,结束试验,则该受试物 $LD_{50}>2\ 000$ mg/kg体重。

如需要采用 5 000 mg/kg 体重剂量时，给 1 只动物受试物，如动物在 48 h 内死亡，应进行正式试验。如在 48 h 内动物存活，另取 2 只动物，仍以相同剂量给予受试物，如在 14 d 的观察期内动物全部存活，结束试验，则该受试物 LD_{50}＞5 000 mg/kg 体重；如果 14 d 的观察期内后 2 只动物中有 1 只或 2 只死亡，再追加 2 只动物，给予受试物后在 14 d 观察期内 5 只动物中 3 只及以上动物存活，结束试验，该受试物 LD_{50}＞5 000 mg/kg；如 5 只动物中 3 只及以上动物分别在 14 d 观察期内死亡，应进行正式试验。

4.3.3.3 正式试验

4.3.3.3.1 动物数

单一性别，实验动物数一般为 6 只～9 只。

4.3.3.3.2 剂量

选择起始剂量和剂量梯度系数时，如果没有受试物 LD_{50} 的估计值资料，默认的起始剂量为 175 mg/kg 体重；如果没有受试物的剂量-反应曲线斜率的资料，默认的剂量梯度系数为 3.2(是斜率为 2 时的梯度系数)，所设定的剂量系列为 1.75 mg/kg 体重、5.5 mg/kg 体重、17.5 mg/kg 体重、55 mg/kg 体重、175 mg/kg 体重、555 mg/kg 体重、2 000 mg/kg 体重或 1.75 mg/kg 体重、5.5 mg/kg 体重、17.5 mg/kg 体重、55 mg/kg 体重、175 mg/kg 体重、555 mg/kg 体重、1 750 mg/kg 体重、5 000 mg/kg 体重。对于剂量-反应曲线斜率比较平缓或较陡的受试物，剂量梯度系数可加大或缩小，起始剂量可作适当调整。附录 B 列出了斜率为 1～8 的剂量梯度。

4.3.3.3.3 方法

试验开始时称量禁食后动物的体重，计算灌胃体积。经口灌胃，一次一只动物，每只动物的灌胃间隔时间为 48 h。第二只动物的剂量取决于第一只动物的毒性结果，如动物呈濒死状态或死亡，剂量就下调一级；如动物存活，剂量就上调一级。

4.3.3.3.4 终止试验的规定

是否继续给予受试物取决于固定的时间间隔期内所有动物的生存状态，首次达到以下任何一种情况时，即可终止试验：

a) 在较高剂量给予受试物中连续有 3 只动物存活；
b) 连续 6 只动物给予受试物后出现 5 个相反结果；
c) 在第一次出现相反结果后，继续给予受试物至少 4 只动物，并且从第一次出现相反结果后计算每一个剂量的似然值，其给定的似然比超过临界值。

依照试验结束时的动物生存状态即可计算受试物的 LD_{50}。附录 C 描述了正式试验 LD_{50} 估计值和可信限的计算方法及特殊情况的处理方法。

如果给予受试物后动物在试验的后期才死亡，而较该剂量还高的动物仍处于存活状态，应当暂时停止继续给予受试物，观察其他动物是否也出现延迟死亡。当所有已经给予受试物的动物其结局明确后再继续染毒。如果后面的动物也出现延迟死亡，表示所有染毒的剂量水平都超过了 LD_{50}，应当选择更适当的、低于已经死亡的最低剂量的两个剂量级重新开始试验，并要延长观察期限。统计时延迟死亡的动物按死亡来计算。

4.3.4 寇氏(Korbor)法

4.3.4.1 预试验

除另有要求外，一般应在预试验中求得动物全死亡或 90％以上死亡的剂量和动物不死亡或 10％以下死亡的剂量，分别作为正式试验的最高剂量与最低剂量。

4.3.4.2 动物数

除另有要求外，一般设 5 个～10 个剂量组，每组每种性别以 6 只～10 只动物为宜。

4.3.4.3 剂量

将由预试验得出的最高、最低剂量换算为常用对数，然后将最高、最低剂量的对数差，按所需要的组数，分为几个对数等距（或不等距）的剂量组。

4.3.4.4 观察

给予受试物后，观察期内记录动物死亡数、死亡时间及中毒表现等。

4.3.4.5 试验结果的计算与统计

4.3.4.5.1 列出试验数据及其计算表

包括各组剂量（mg/kg 体重，g/kg 体重）、剂量对数（X）、动物数（n）、动物死亡数（r）、动物死亡百分比（P，以小数表示），以及统计公式中要求的其他计算数据项目。

4.3.4.5.2 LD_{50}的计算公式

根据试验条件及试验结果，可分别选用下列三个公式中的一个，求出 $\lg LD_{50}$，再查其自然数，即为 LD_{50}（mg/kg 体重，g/kg 体重）。

按本试验设计得出的任何结果，均可用式(1)计算：

$$\lg LD_{50} = \sum \frac{1}{2}(X_i + X_{i+1}) \times (P_{i+1} - P_i) \qquad \cdots\cdots(1)$$

式中：

X_i与X_{i+1}——相邻两组的剂量对数；

P_{i+1}与P_i——相邻两组动物死亡百分比。

按本试验设计且各组间剂量对数等距时，可用式(2)计算：

$$\lg LD_{50} = XK - \frac{d}{2}(P_i + P_{i+1}) \qquad \cdots\cdots(2)$$

式中：

XK——最高剂量对数；

其他同式(1)。

按本试验设计且各组间剂量对数等距且最高、最低剂量组动物死亡百分比分别为 100（全死）和 0（全不死时），则可用便于计算的式(3)计算。

$$\lg LD_{50} = XK - d(\sum P - 0.5) \qquad \cdots\cdots(3)$$

式中：

$\sum P$——各组动物死亡百分比之和；

其他同式(2)。

4.3.4.5.3 标准误与 95%可信限

$\lg LD_{50}$的标准误（S）的计算见式(4)：

$$S_{\lg LD_{50}} = d\sqrt{\frac{\sum P_i(1-P_i)}{n}} \qquad \cdots\cdots(4)$$

95%可信限(X)的计算见式(5)：

$$X = \lg^{-1}(\lg LD_{50} \pm 1.96 \cdot S_{\lg LD_{50}}) \quad \cdots\cdots(5)$$

注：此法易于了解，计算简便，可信限不大，结果可靠，特别是在试验前对受试物的急性毒性程度了解不多时，尤为适用。

4.3.5 机率单位——对数图解法

4.3.5.1 预试验

以每组2只～3只动物找出全死和全不死的剂量。

4.3.5.2 动物数

一般每组每种性别不少于10只，各组动物数不一定要求相等。

4.3.5.3 剂量及分组

一般在预试验得到的两个剂量组之间拟出等比的六个剂量组或更多剂量组。此法不要求剂量组间呈等比关系，但等比可使各点距离相等，有利于作图。

4.3.5.4 观察

给予受试物后，观察期内记录动物死亡数、死亡时间及中毒表现等。

4.3.5.5 作图计算

4.3.5.5.1 将各组按剂量及死亡百分率，在对数概率纸上作图。除死亡百分率为0%及100%外，也可将剂量化成对数，并将百分率查概率单位表(见附录D)得其相应的概率单位作点于普通算术格纸上，0%及100%死亡率在理论上不存在，为计算需要用式(6)和式(7)代替：

$$0\% = \frac{0.25 \times 100}{N}\% \quad \cdots\cdots(6)$$

$$100\% = \frac{(N - 0.25)}{N} \times 100\% \quad \cdots\cdots(7)$$

式中：

N——该组动物数，相当于0%及100%的作图用概率单位(见附录E)。

4.3.5.5.2 划出直线，以透明尺目测，并照顾概率。

4.3.5.6 计算标准误

标准误计算见式(8)：

$$SE = \frac{2S}{\sqrt{2N'}} \quad \cdots\cdots(8)$$

式中：

SE——标准误；

$2S$——LD_{84}与LD_{16}之差，即$2S = LD_{84} - LD_{16}$(或$ED_{84} - ED_{16}$)；

N'——概率单位3.5～6.5之间(反应百分率为6.7%～93.7%)各组动物数之和。

注：相当于LD_{84}及LD_{16}的剂量均可从所作直线上找到。也可用普通方格纸作图，查表将剂量换算成对数值，将死亡率换算成概率单位，方格纸横坐标为剂量对数，纵坐标为概率单位，根据剂量对数及概率单位作点连成线，由概率单位5处作一水平线与直线相交，由相交点向横坐标作一垂直线，在横坐标上的相交点即为剂量对数值，求反对数LD_{50}值。

4.3.6 急性联合毒性试验

4.3.6.1 原理

两种或两种以上的受试物同时存在时，可能发生拮抗、相加或协同三种不同的联合作用方式，可以根据一定的公式计算和判定标准来确定这三种不同的作用。

4.3.6.2 步骤

4.3.6.2.1 分别测定单个受试物的 LD_{50}，方法同 4.3.1、4.3.2、4.3.3、4.3.4、4.3.5。

4.3.6.2.2 按各受试物的 LD_{50} 值的比例配制等毒性的混合受试物。

4.3.6.2.3 测定混合物的 LD_{50}，用其他 LD_{50} 测定方法时，可以按各个受试物的 LD_{50} 值的二分之一之和作为中组，然后按等比级数向上、下推算几组，与单个受试物 LD_{50} 测定的设计相同，如估计是相加作用，可向上、下各推算两组；如可能为协同作用，则可向下多设几组；如可能为拮抗作用，则可向上多设几组。

4.3.6.3 计算

4.3.6.3.1 混合物中各个受试物是以等毒比例混合的，因此求出的 LD_{50} 乘以各受试物的比例，即可求得各受试物的剂量。

4.3.6.3.2 用式(9)计算混合物的预期 LD_{50} 值的比值，按比值判定作用的方式。

$$\frac{1}{\text{混合物的预期 } LD_{50} \text{ 值}} = \frac{a}{\text{受试物 A 的 } LD_{50} \text{ 值}} + \frac{b}{\text{受试物 B 的 } LD_{50} \text{ 值}} + \cdots + \frac{n}{\text{受试物 } N \text{ 的 } LD_{50} \text{ 值}} \quad \cdots\cdots(9)$$

式中：

a、b…n——A、B…N 各受试物在混合物中所占的质量比例，$a+b+\cdots+n=1$。

4.3.6.3.3 判定受试物联合作用方式的比值采用 Keplinger 的规定，即小于 0.57 为拮抗作用，0.57～1.75 为相加作用，大于 1.75 为协同作用。

4.4 观察指标

4.4.1 临床观察

观察包括皮肤、被毛、眼、黏膜以及呼吸系统、泌尿生殖系统、消化系统和神经系统等，特别要注意观察有无震颤、惊厥、流涎、腹泻、呆滞、嗜睡和昏迷等(见附录 F)。在试验开始和结束时称取并记录动物体重，并且在观察期每周至少称取动物体重 1 次。全面观察并记录动物变化发生的时间、程度和持续时间，评估可能的毒作用靶器官。如发现动物处于濒死或表现出严重的疼痛和持续的痛苦状态应处死动物。死亡时间记录应当尽可能的精确。

4.4.2 病理学检查

所有的动物包括试验期间死亡、人道处死和试验结束处死的动物都要进行大体解剖检查，记录每只动物大体病理学变化，出现大体解剖病理改变时应做病理组织学观察。

5 数据处理和结果评价

描述由中毒表现初步提示的毒作用特征，根据 LD_{50} 值确定受试物的急性毒性分级(见附录 G)。

6 报告

6.1 试验名称、试验单位名称和联系方式、报告编号。

6.2 试验委托单位名称和联系方式、样品受理日期。

6.3 试验开始和结束日期、试验项目负责人、试验单位技术负责人、签发日期。

6.4 试验摘要。

6.5 受试物：名称、批号、剂型、状态（包括感官、性状、包装完整性、标识）、数量、前处理方法、溶媒。

6.6 实验动物：物种、品系、级别、数量、体重、性别、来源（供应商名称、实验动物生产许可证号）、动物检疫、适应情况，饲养环境（温度、相对湿度、实验动物设施使用许可证号），饲料来源（供应商、实验动物饲料生产许可证号）。

6.7 试验方法：试验分组、每组动物数、剂量选择依据、受试物给予途径及期限、观察指标、统计学方法。

6.8 试验结果：动物生长活动情况、体重、体重增长、每只动物的反应（包括动物的毒性体征、严重程度、持续时间、是否可逆的、死亡率列表、每只动物大体解剖、病理组织学所见、LD_{50}和95％可信限，给出结果的统计处理方法。

6.9 试验结论：受试物经口急性毒性的特点、可逆性、可能的靶器官、LD_{50}和95％可信限以及急性经口毒性分级。

7 试验的解释

急性经口毒性试验可提供在短时间内经口接触受试物所产生的健康危害信息，为进一步毒性试验的剂量选择提供依据，并初步估测毒作用的靶器官和可能的毒作用机制。但由于动物和人存在种属差异，故试验结果外推到人存在一定的局限性。

附 录 A

霍恩氏(Horn)法 LD_{50} 值计算(剂量递增法测定 LD_{50} 计算用表)

A.1 表 A.1 用于每组 5 只动物,其剂量递增公比为$\sqrt[3]{10}$,意即 $10\times\sqrt[3]{10}=21.5$,$21.5\times\sqrt[3]{10}=46.4\cdots$,余此类推。此剂量系列排列如下:

$$\left.\begin{matrix}1.00\\2.15\\4.64\end{matrix}\right\}\times10^{t}\qquad t=0,\pm1,\pm2,\pm3\cdots$$

表 A.1 霍恩氏(Horn)法 LD_{50} 值计算(剂量递增公比为$\sqrt[3]{10}$)

组1 或 组1	组2 或 组3	组3 或 组2	组4 或 组4	剂量1=0.464 剂量2=1.00 剂量3=2.15 剂量4=4.64 $\times10^{t}$		剂量1=1.00 剂量2=2.15 剂量3=4.64 剂量4=10.0 $\times10^{t}$		剂量1=2.15 剂量2=4.64 剂量3=10.0 剂量4=21.5 $\times10^{t}$	
				LD_{50}	可信限	LD_{50}	可信限	LD_{50}	可信限
0	0	3	5	2.00	1.37~2.91	4.30	2.95~6.26	9.26	6.36~13.5
0	0	4	5	1.71	1.26~2.33	3.69	2.71~5.01	7.94	5.84~10.8
0	0	5	5	1.47	~	3.16	~	6.81	~
0	1	2	5	2.00	1.23~3.24	4.30	2.65~6.98	9.26	5.70~15.0
0	1	3	5	1.71	1.05~2.78	3.69	2.27~5.99	7.94	4.89~12.9
0	1	4	5	1.47	0.951~2.27	3.16	2.05~4.88	6.81	4.41~10.5
0	1	5	5	1.26	0.926~1.71	2.71	2.00~3.69	5.84	4.30~7.94
0	2	2	5	1.71	1.01~2.91	3.69	2.17~6.28	7.94	4.67~13.5
0	2	3	5	1.47	0.862~2.50	3.16	1.86~5.38	6.81	4.00~13.5
0	2	4	5	1.26	0.775~2.05	2.71	1.69~4.41	5.84	3.60~9.50
0	2	5	5	1.08	0.741~1.57	2.33	1.60~3.99	5.01	3.44~7.30
0	3	3	5	1.26	0.740~2.14	2.71	1.59~4.62	5.84	3.43~9.95
0	3	4	5	1.03	0.665~1.75	2.33	1.43~3.78	5.01	3.08~8.14
1	0	3	5	1.96	1.22~3.14	4.22	2.63~6.76	9.09	5.66~14.6
1	0	4	5	1.62	1.07~2.43	3.48	2.31~5.24	7.50	4.98~11.3
1	0	5	5	1.33	1.05~1.70	2.87	2.26~3.65	6.19	4.87~7.87
1	1	2	5	1.96	1.06~3.60	4.22	2.29~7.75	9.09	4.94~16.7
1	1	3	5	1.62	0.866~3.01	3.48	1.87~6.49	7.50	4.02~16.7
1	1	4	5	1.33	0.737~2.41	2.87	1.59~5.20	6.19	3.42~11.2
1	1	5	5	1.10	0.661~1.83	2.37	1.42~3.95	5.11	3.07~8.51
1	2	2	5	1.62	0.818~3.19	3.48	1.76~6.37	7.50	3.80~14.8
1	2	3	5	1.33	0.658~2.70	2.87	1.42~5.82	6.19	3.05~12.5
1	2	4	5	1.10	0.550~2.20	2.37	1.19~4.74	5.11	2.55~10.2
1	3	3	5	1.10	0.523~2.32	2.37	1.13~4.99	5.11	2.43~10.8
2	0	3	5	1.90	1.00~3.58	4.08	2.16~7.71	8.80	4.66~16.6

表 A.1（续）

组1 / 或 / 组1	组2 / 或 / 组3	组3 / 或 / 组2	组4 / 或 / 组4	剂量1=0.464 剂量2=1.00 剂量3=2.15 剂量4=4.64 $\times 10^t$		剂量1=1.00 剂量2=2.15 剂量3=4.64 剂量4=10.0 $\times 10^t$		剂量1=2.15 剂量2=4.64 剂量3=10.0 剂量4=21.5 $\times 10^t$	
				LD_{50}	可信限	LD_{50}	可信限	LD_{50}	可信限
2	0	4	5	1.47	0.806～2.67	3.16	1.74～5.76	6.81	3.74～12.4
2	0	5	5	1.14	0.674～1.92	2.45	1.45～4.13	5.28	3.13～8.89
2	1	2	5	1.90	0.839～4.29	4.08	1.81～9.23	8.80	3.89～19.9
2	1	3	5	1.47	0.616～3.50	3.16	1.33～7.53	6.81	2.86～16.2
2	1	4	5	1.14	0.466～2.77	2.45	1.00～5.98	5.28	2.16～12.9
2	2	2	5	1.47	0.573～3.76	3.16	1.24～8.10	6.81	2.66～17.4
2	2	3	5	1.14	0.406～3.18	2.45	0.875～6.85	6.28	1.89～14.8
0	0	4	4	1.96	1.18～3.26	4.22	2.53～7.02	9.09	5.46～15.1
0	0	5	4	1.62	1.27～2.05	3.48	2.74～4.42	7.50	5.90～9.53
0	1	3	4	1.96	0.978～3.92	4.22	2.11～8.44	9.09	4.54～18.2
0	1	4	4	1.62	0.893～2.92	3.48	1.92～6.30	7.50	4.14～13.6
0	1	5	4	1.33	0.885～2.01	2.87	1.91～4.33	6.19	4.11～9.33
0	2	2	4	1.96	0.930～4.12	4.22	2.00～8.88	9.09	4.31～19.1
0	2	3	4	1.62	0.797～3.28	3.48	1.72～7.06	7.50	3.70～15.2
0	2	4	4	1.33	0.715～2.49	2.87	1.54～5.36	6.19	3.32～11.5
0	2	5	4	1.10	0.686～1.77	2.37	1.48～3.80	5.11	3.19～8.19
0	3	3	4	1.33	0.676～2.63	2.87	1.46～5.67	6.19	3.14～12.2
0	3	4	4	1.10	0.599～2.02	2.37	1.29～4.36	5.11	2.78～9.39
1	0	4	4	1.90	0.969～3.71	4.08	2.09～7.99	8.80	4.50～17.2
1	0	5	4	1.47	1.02～2.11	3.16	2.20～4.54	6.81	4.74～9.78
1	1	3	4	1.90	0.757～4.75	4.08	1.63～10.2	8.80	3.51～22.0
1	1	4	4	1.47	0.654～3.30	3.16	1.41～7.10	6.81	3.03～15.3
1	1	5	4	1.14	0.581～2.22	2.45	1.25～4.79	5.28	2.70～10.3
1	2	2	4	1.90	0.706～5.09	4.08	1.52～11.0	8.80	3.28～23.6
1	2	3	4	1.47	0.564～3.82	3.16	1.21～8.24	6.81	2.62～17.7
1	2	4	4	1.14	0.454～2.85	2.45	0.977～6.13	5.28	2.11～13.2
1	3	3	4	1.14	0.423～3.05	2.45	0.912～6.57	5.28	1.97～14.2
2	0	4	4	1.78	0.662～4.78	3.83	1.43～10.3	8.25	3.07～22.2
2	0	5	4	1.21	0.583～2.52	2.61	1.26～5.42	5.62	2.71～11.7
2	1	3	4	1.78	0.455～6.95	3.83	0.980～15.0	8.25	2.11～32.3
2	1	4	4	1.21	0.327～4.48	2.61	0.705～9.66	5.62	1.52～20.8
2	2	2	4	1.78	0.410～7.72	3.83	0.883～16.6	8.25	1.90～35.8
2	2	3	4	1.21	0.266～5.52	2.61	0.573～11.9	5.62	1.23～25.6
0	0	5	3	1.90	1.12～3.20	4.08	2.42～6.89	8.80	5.22～14.8
0	1	4	3	1.90	0.777～4.63	4.08	1.67～9.97	8.80	3.60～21.5

表 A.1(续)

组1 组2 组3 组4 或 组1 组3 组2 组4				剂量1=0.464, 剂量2=1.00, 剂量3=2.15, 剂量4=4.64 ×10^t		剂量1=1.00, 剂量2=2.15, 剂量3=4.64, 剂量4=10.0 ×10^t		剂量1=2.15, 剂量2=4.64, 剂量3=10.0, 剂量4=21.5 ×10^t	
				LD_{50}	可信限	LD_{50}	可信限	LD_{50}	可信限
0	1	5	3	1.47	0.806~2.67	3.16	1.74~5.76	6.81	3.74~12.4
0	2	3	3	1.90	0.678~5.30	4.08	1.46~11.4	8.80	3.15~24.6
0	2	4	3	1.47	0.616~3.50	3.16	1.33~7.53	6.81	2.86~16.2
0	2	5	3	1.14	0.602~2.15	2.45	1.30~4.62	5.28	2.79~9.96
0	3	3	3	1.47	0.573~3.76	3.16	1.24~8.10	6.81	2.66~17.4
0	3	4	3	1.14	0.503~2.57	2.45	1.08~5.54	5.28	2.33~11.9
1	0	5	3	1.78	0.856~3.69	3.83	1.85~7.96	8.25	3.98~17.1
1	1	4	3	1.78	0.481~6.58	3.83	1.04~14.2	8.25	2.23~30.5
1	1	5	3	1.21	0.451~3.25	2.61	0.972~7.01	5.62	2.09~15.1
1	2	3	3	1.78	0.390~8.11	3.83	0.840~17.5	8.25	1.81~37.6
1	2	4	3	1.21	0.310~4.74	2.61	0.668~10.2	5.62	1.44~22.0
1	3	3	3	1.21	0.279~5.26	2.61	0.602~11.3	5.62	1.30~24.4

A.2 表 A.2 用于每组 5 只动物,其剂量递增公比为$\sqrt{10}$,意即 $10\times\sqrt{10}=31.6$,$31.6\times\sqrt{10}=100$…,余此类推。此剂量序列可排列如下:

$$\left.\begin{matrix}1.00\\3.16\end{matrix}\right\}\times10^t \qquad t=0,\pm1,\pm2,\pm3\cdots$$

表 A.2 霍恩氏(Horn)法 LD_{50} 值计算(剂量递增公比为$\sqrt{10}$)

组1 组2 组3 组4 或 组1 组3 组2 组4				剂量1=0.316, 剂量2=1.00, 剂量3=3.16, 剂量4=10.0 ×10^t		剂量1=1.00, 剂量2=3.16, 剂量3=10.0, 剂量4=31.6 ×10^t	
				LD_{50}	可信限	LD_{50}	可信限
0	0	3	5	2.82	1.60~4.95	8.91	5.07~15.7
0	0	4	5	2.24	1.41~3.55	7.08	4.47~11.2
0	0	5	5	1.78	—	5.62	—
0	1	2	5	2.82	1.36~5.84	8.91	4.30~18.5
0	1	3	5	2.24	1.08~4.64	7.08	3.42~14.7
0	1	4	5	1.78	0.927~3.41	5.62	2.93~10.8
0	1	5	5	1.41	0.891~2.24	4.47	2.82~7.08
0	2	2	5	2.24	1.01~4.97	7.08	3.19~15.7
0	2	3	5	1.78	0.801~3.95	5.62	2.53~12.5
0	2	4	5	1.41	0.682~2.93	4.47	2.16~9.25
0	2	5	5	1.12	0.638~1.97	3.55	2.02~6.24

表 A.2（续）

组 1 或 组 1	组 2 组 3	组 3 组 2	组 4 组 4	剂量 1=0.316 剂量 2=1.00 剂量 3=3.16 剂量 4=10.0 ×10^t LD$_{50}$	可信限	剂量 1=1.00 剂量 2=3.16 剂量 3=10.0 剂量 4=31.6 ×10^t LD$_{50}$	可信限
0	3	3	5	1.41	0.636～3.14	4.47	2.01～9.92
0	3	4	5	1.12	0.542～2.32	3.55	1.71～7.35
1	0	3	5	2.74	1.35～5.56	8.66	4.26～17.6
1	0	4	5	2.05	1.11～3.80	6.49	3.51～12.0
1	0	5	5	1.54	1.07～2.21	4.87	3.40～6.98
1	1	2	5	2.74	1.10～6.82	8.66	3.48～21.6
1	1	3	5	2.05	0.806～5.23	6.49	2.55～16.5
1	1	4	5	1.54	0.632～3.75	4.87	2.00～11.9
1	1	5	5	1.15	0.537～2.48	3.65	1.70～7.85
1	2	2	5	2.05	0.740～5.70	6.49	2.34～18.0
1	2	3	5	1.54	0.534～4.44	4.87	1.69～14.1
1	2	4	5	1.15	0.408～3.27	3.65	1.29～10.3
1	3	3	5	1.15	0.378～3.53	3.65	1.20～11.2
2	0	3	5	2.61	1.01～6.77	8.25	3.18～21.4
2	0	4	5	1.78	0.723～4.37	5.62	2.29～13.8
2	0	5	5	1.21	0.554～2.65	3.83	1.75～8.39
2	1	2	5	2.61	0.768～8.87	8.25	2.43～28.1
2	1	3	5	1.78	0.484～6.53	5.62	1.53～20.7
2	1	4	5	1.21	0.318～4.62	3.83	1.00～14.6
2	2	2	5	1.78	0.434～7.28	5.62	1.37～23.0
2	2	3	5	1.21	0.259～5.67	3.83	0.819～17.9
0	0	4	4	2.74	1.27～5.88	8.66	4.03～18.6
0	0	5	4	2.05	1.43～2.94	6.49	4.53～9.31
0	1	3	4	2.74	0.968～7.75	8.66	3.06～24.5
0	1	4	4	2.05	0.843～5.00	6.49	2.67～15.8
0	1	5	4	1.54	0.833～2.85	4.87	2.63～9.01
0	2	2	4	2.74	0.896～8.37	8.66	2.83～26.5
0	2	3	4	2.05	0.711～5.93	6.49	2.25～18.7
0	2	4	4	1.54	0.604～3.92	4.87	1.91～12.4
0	2	5	4	1.15	0.568～2.35	3.65	1.80～7.42
0	3	3	4	1.54	0.555～4.27	4.87	1.76～13.5
0	3	4	4	1.15	0.463～2.88	3.65	1.47～9.10
1	0	4	4	2.61	0.953～7.15	8.25	3.01～22.6
1	0	5	4	1.78	1.03～3.06	5.62	3.27～9.68
1	1	3	4	2.61	0.658～10.4	8.25	2.08～32.7

表 A.2（续）

组1 组1	组2 或 组3	组3 组2	组4 组4	剂量1=0.316 剂量2=1.00 剂量3=3.16 剂量4=10.0 $\times 10^t$		剂量1=1.00 剂量2=3.16 剂量3=10.0 剂量4=31.6 $\times 10^t$	
				LD_{50}	可信限	LD_{50}	可信限
1	1	4	4	1.78	0.528～5.98	5.62	1.67～18.9
1	1	5	4	1.21	0.442～3.32	3.83	1.40～10.5
1	2	2	4	2.61	0.594～11.5	8.25	1.88～36.3
1	2	3	4	1.78	0.423～7.48	5.62	1.34～23.6
1	2	4	4	1.21	0.305～4.80	3.83	0.966～15.2
1	3	3	4	1.21	0.276～5.33	3.83	0.871～16.8
2	0	4	4	2.37	0.539～10.4	7.50	1.70～33.0
2	0	5	4	1.33	0.446～3.99	4.22	1.41～12.6
2	1	3	4	2.37	0.307～18.3	7.50	0.970～58.0
2	1	4	4	1.33	0.187～9.49	4.22	0.592～30.0
2	2	2	4	2.37	0.262～21.4	7.50	0.830～67.8
2	2	3	4	1.33	0.137～13.0	4.22	0.433～41.0
0	0	5	3	2.61	1.19～5.71	8.25	3.77～18.1
0	1	4	3	2.61	0.684～9.95	8.25	2.16～31.5
0	1	5	3	1.78	0.723～4.37	5.62	2.29～13.8
0	2	3	3	2.61	0.558～12.2	8.25	1.76～38.6
0	2	4	3	1.78	0.484～6.53	5.62	1.53～20.7
0	2	5	3	1.21	0.467～3.14	3.83	1.48～9.94
0	3	3	3	1.78	0.434～7.28	5.62	1.37～23.0
0	3	4	3	1.21	0.356～4.12	3.83	1.13～13.0
1	0	5	3	2.37	0.793～7.10	7.50	2.51～22.4
1	1	4	3	2.37	0.333～16.9	7.50	1.05～53.4
1	1	5	3	1.33	0.303～5.87	4.22	0.958～18.6
1	2	3	3	2.37	0.244～23.1	7.50	0.771～73.0
1	2	4	3	1.33	0.172～10.3	4.22	0.545～32.6
1	3	3	3	1.33	0.148～12.1	4.22	0.467～38.1

附　录　B

上-下法(UDP)不同斜率的剂量梯度表

不同斜率的剂量梯度见表B.1。

表B.1　上-下法(UDP)不同斜率的剂量梯度表(确定每列斜率后选择剂量)

单位:mg/kg体重

斜率	1	2	3	4	5	6	7	8
	0.175	0.175	0.175	0.175	0.175	0.175	0.175	0.175
	—	—	—	—	—	—	0.243	0.233
	—	—	—	—	0.28	0.26	—	—
	—	—	—	0.31	—	—	0.34	0.31
	—	—	0.38	—	—	0.38	—	—
	—	—	—	—	—	—	—	0.41
	—	—	—	—	0.44	—	0.47	—
	—	0.55	—	0.55	—	0.55	—	0.55
	—	—	—	0.70	—	0.65	—	—
	—	—	—	—	—	—	0.74	—
	—	—	0.81	—	—	0.81	—	—
	—	—	—	0.98	—	—	0.91	0.98
	—	—	—	—	1.10	1.19	—	—
	—	—	—	—	—	—	1.26	1.31
	1.75	1.75	1.75	1.75	1.75	1.75	1.75	1.75
	—	—	—	—	—	—	2.43	2.33
	—	—	—	—	2.8	2.6	—	—
	—	—	—	3.1	—	—	3.4	3.1
	—	—	3.8	—	—	3.8	—	—
	—	—	—	—	4.4	—	—	4.1
	—	—	—	—	—	—	4.7	—
	—	5.5	—	5.5	5.5	—	5.5	—
	—	—	—	—	7.0	—	6.5	—
	—	—	—	—	—	—	—	7.4
	—	—	8.1	—	—	8.1	—	—
	—	—	—	—	—	—	9.1	9.8
	—	—	—	—	11.0	11.9	—	—
	—	—	—	—	—	—	12.6	13.1
	17.5	17.5	17.5	17.5	17.5	17.5	17.5	17.5

表 B.1（续）

单位:mg/kg 体重

斜率	1	2	3	4	5	6	7	8
	—	—	—	—	—	—	24.3	23.3
	—	—	—	—	28	26	—	—
	—	—	—	31	—	—	34	31
	—	—	38	—	—	38	—	—
	—	—	—	44	—	—	—	41
	—	—	—	—	—	—	47	—
	—	55	—	55	—	55	—	55
	—	—	—	—	—	—	65	—
	—	—	—	—	70	—	—	74
	—	—	81	—	—	81	—	—
	—	—	—	98	—	—	91	98
	—	—	—	—	110	119	—	—
	—	—	—	—	—	—	126	131
	175	175	175	175	175	175	175	175
	—	—	—	—	—	—	243	233
	—	—	—	—	280	260	—	—
	—	—	—	310	—	—	340	310
	—	—	380	—	—	380	—	—
	—	—	—	—	440	—	—	410
	—	—	—	—	—	—	470	—
	—	550	—	550	—	550	—	550
	—	—	—	—	—	—	650	—
	—	—	—	—	700	—	—	740
	—	—	810	—	—	810	—	—
	—	—	—	980	—	—	910	980
	—	—	—	—	1 100	1 190	—	—
	—	—	—	—	—	—	1 260	1 310
	1 750	1 750	1 750	1 750	1 750	1 750	1 750	1 750
	—	—	—	—	—	—	2 430	2 330
	—	—	—	—	2 800	2 600	—	—
	—	—	—	3 100	—	—	—	3 100
	—	—	—	—	—	3 800	3 400	—
	—	—	—	—	—	—	—	4 100
	5 000	5 000	5 000	5 000	5 000	5 000	5 000	5 000

附　录　C

正式试验的 LD_{50} 点估计值和可信限的计算

C.1　最大似然法

急性经口毒性试验应用软件包(AOT425StatPgm)是按照最大似然法编制的软件,可直接计算出 LD_{50}。在假定 sigma 条件下进行最大似然比计算。所有的死亡动物无论是给予受试物后立即、延迟和人道处死的动物,均作为最大似然法分析的基本数据。

Dixon 提出的似然函数可以用式(C.1)表示:

$$L = L_1 L_2 \cdots L_n \qquad \text{(C.1)}$$

式中:

L ——在给定 μ 和 sigma 条件下的使用 n 只动物试验结果的最大似然函数值;

L_i ——$L_i = 1 - F(Z_i)$,表示第 i 只动物存活的概率,或 $L_i = F(Z_i)$,表示第 i 只动物死亡概率;

F ——为累计标准正态分布概率;

Z_i ——$[\lg(D_i) - \mu]/\text{sigma}$;

D_i ——第 i 只动物的剂量;

sigma 的估计值可设定为 0.5,情况特殊时也可选用其他值。

LD_{50} 的点估计值为似然函数 L 最大时的 μ 值;

C.2　特殊情况

有时不能进行统计学计算,或者所给结果明显的错误,此时的 LD_{50} 估计值可按照以下 a)、b)和 c)中的描述进行计算。如果不属下列情况,一般采用最大似然法;

a) 如果试验是在达到本方法终止试验规定的剂量较高的范围染毒,连续有 3 只动物存活,或者剂量达到高于上限的标准来终止试验的,那么 LD_{50} 高于所使用的剂量;

b) 如果较高剂量的动物全部死亡,而较低剂量的动物全部存活,那么 LD_{50} 就介于全部死亡和全部存活的剂量之间。此时不能提供准确的 LD_{50}。如果有 sigma 仍可估计出 LD_{50} 的最大可能值;

c) 如果在某一剂量下出现死亡和存活,高于此剂量的动物全部死亡、低于此剂量的动物全部存活,LD_{50} 就等于该剂量。如果进行与上述受试物的同类物的毒性试验,应当采用较小的剂量梯度系数。

C.3　可信限(CI)的计算

C.3.1　AOT425StatPgm 软件包可以完成可信限的计算,结果会对所进行的正式试验结果的可靠性、有效性进行评价。LD_{50} 可信限范围大的表明在估算 LD_{50} 存在较多的不确定性,所估算的 LD_{50} 的可靠性和有效性较低;可信限范围较窄时,所得到的 LD_{50} 所存在的不确定性较少,可靠性和有效性均比较高。其意义在于当重复正式试验时,所得到的 LD_{50} 的估计值更接近于原来测定的估计值,并且两者都更接近于真实的 LD_{50}。

C.3.2　根据正式试验的试验结果,可以使用两种方法来估算真实的 LD_{50} 可信限。

a) 染毒3个不同剂量的试验结果，中间剂量的动物至少有1只动物死亡和1只动物存活，使用最大似然法的计算就可以得到包括真实 LD_{50} 和95%可信限。然而由于希望尽量减少使用的动物数，因此可信限值一般不太准确。随机终止试验的规定对此有一定的改善，但仍然会与真实的可信限存在一些差别。

b) 如果在某一剂量和低于此剂量的动物全部存活，而高于此剂量的动物全部死亡，区间就是全部存活的剂量与全部死亡剂量，这只是一个大概范围，不能确定可信限。但当剂量-反应曲线较陡时，真实的 LD_{50} 可信限与此区间非常接近。

C.3.3 有些情况如反应斜率相对平坦，可信限可能报告到无限大，低至无限小和高至无限大，或两者之间，在反应相对平坦会出现这种情况。

C.3.4 如计算过程需要特殊程序来完成，可以使用EPA、OECD提供的免费软件专用程序来完成。

附　录　D

反应率-概率单位表

反应率-概率单位表见表 D.1。

表 D.1　反应率-概率单位表

反应率	0	1	2	3	4	5	6	7	8	9
0	—	2.67	2.95	3.12	3.25	3.36	3.45	3.52	3.60	3.66
10	3.72	3.77	3.83	3.87	3.92	3.96	4.01	4.05	4.09	4.12
20	4.16	4.19	4.23	4.26	4.29	4.33	4.36	4.39	4.42	4.45
30	4.48	4.50	4.53	4.56	4.59	4.62	4.64	4.67	4.70	4.72
40	4.75	4.77	4.80	4.82	4.85	4.87	4.90	4.93	4.95	4.98
50	5.00	5.03	5.05	5.08	5.10	5.13	5.15	5.18	5.20	5.23
60	5.25	5.28	5.31	5.33	5.36	5.39	5.40	5.44	5.47	5.50
70	5.52	5.55	5.58	5.61	5.64	5.67	5.71	5.74	5.77	5.81
80	5.84	5.88	5.92	5.95	5.99	6.04	6.08	6.13	6.18	6.23
90	6.28	6.34	6.41	6.48	6.56	6.65	6.75	6.88	7.05	7.33

附 录 E

相当于反应率 0%及 100%的概率单位

相当于反应率 0%及 100%的概率单位见表 E.1。

表 E.1 相当于反应率 0%及 100%的概率单位

每组动物数	反应率		每组动物数	反应率	
	0%	100%		0%	100%
2	3.85	6.15	12	2.97	7.03
3	3.62	6.38	13	2.93	7.07
4	3.47	6.53	14	2.90	7.10
5	3.36	6.64	15	2.87	7.13
6	3.27	6.73	16	2.85	7.15
7	3.20	6.80	17	2.82	7.18
8	3.13	6.87	18	2.80	7.20
9	3.09	6.91	19	2.78	7.22
10	3.04	6.96	20	2.76	7.24
11	3.00	7.00			

附 录 F

实验动物中毒表现观察项目

实验动物中毒表现观察项目见表 F.1。

表 F.1 实验动物中毒表现观察项目

器官系统	观察及检查项目	中毒后一般表现
中枢神经系统及神经肌肉系统	动作行为	体位异常,叫声异常,不安或呆滞,反复抓挠口周,反复梳理,转圈,痉挛,麻痹,震颤,运动失调,甚至倒退行走或自残
	各种刺激的反应	易兴奋,知觉过敏或缺乏知觉
	大脑及脊髓反射	减弱或消失
	肌肉张力	强直,弛缓
植物神经系统	瞳孔大小	扩大或缩小
	分泌	流涎,流泪
呼吸系统	鼻孔	流液,鼻翼煽动
	呼吸性质和速率	深缓,过速
心血管系统	心区触诊	心动过缓,心律不齐,心跳过强或过弱
消化系统	腹形	气胀或收缩,腹泻或便秘
	粪便硬度和颜色	粪便不成形,黑色或灰色
泌尿生殖系统	阴道,乳腺	膨胀
	阴茎	脱垂
	会阴部	污秽,有分泌物
皮肤和被毛	颜色,张力	发红,皱褶,松弛,皮疹血
	完整性	竖毛
黏膜	黏膜	流粘液,充血,出血性紫绀,苍白
	口腔	溃疡
眼	眼睑	上睑下垂
	眼球	眼球突出或震颤,结膜充血,角膜混浊
	透明度	混浊
其他	直肠或皮肤温度	降低或升高
	一般情况	消瘦

附 录 G

急性毒性(LD_{50})剂量分级

急性毒性(LD_{50})剂量分级见表 G.1。

表 G.1 急性毒性(LD_{50})剂量分级表

级别	大鼠口服 LD_{50}/(mg/kg 体重)	相当于人的致死量	
		mg/kg 体重	g/人
极毒	<1	稍尝	0.05
剧毒	1～50	500～4 000	0.5
中等毒	51～500	4 000～30 000	5
低毒	501～5 000	30 000～250 000	50
实际无毒	>5 000	250 000～500 000	500

中华人民共和国国家标准

GB 15193.4—2014

食品安全国家标准
细菌回复突变试验

2014-12-24 发布　　　　　　　　　　　　　　2015-05-01 实施

中华人民共和国
国家卫生和计划生育委员会　发布

前言

本标准代替 GB 15193.4—2003《鼠伤寒沙门氏菌/哺乳动物微粒体酶试验》。

本标准与 GB 15193.4—2003 相比，主要变化如下：

——标准名称修改为“食品安全国家标准 细菌回复突变试验”；

——修改了范围；

——增加了术语和定义；

——修改了试验目的和原理；

——修改了仪器；

——修改了磷酸盐贮备液的配制方法；

——修改了组氨酸-生物素溶液的配制方法；

——修改了对 DMSO 的要求；

——修改了辅酶-Ⅱ和葡萄糖-6-磷酸钠盐溶液的配制要求；

——修改了进行菌株基因型鉴定的条件；

——修改了对增菌培养的要求；

——修改了受试物的特殊处理；

——修改了选择溶媒的要求；

——修改了剂量设计的内容；

——修改了试验菌株；

——修改了试验方法中对观察结果所需时间的规定；

——修改了对照组的设置；

——增加了制备 S9 的方法、生物素缺陷型菌株的鉴定、结果判定的内容、试验报告的要求、试验的解释；

——修改了附录。

食品安全国家标准
细菌回复突变试验

1 范围

细菌回复突变试验包括鼠伤寒沙门氏菌回复突变试验和大肠杆菌细菌回复突变试验。本标准规定了鼠伤寒沙门氏菌回复突变试验的基本技术要求,选择大肠杆菌进行细菌回复突变试验时应参阅有关文献。

本标准适用于评价受试物的致突变作用。

2 术语和定义

2.1 细菌回复突变试验

以营养缺陷型的突变体菌株为指示生物检测基因突变的体外试验。常用的菌株有组氨酸营养缺陷型鼠伤寒沙门氏菌和色氨酸营养缺陷型的大肠杆菌。

2.2 碱基取代型基因突变

DNA 多核苷酸链上某个碱基为另一个碱基取代,引起 DNA 碱基序列异常。

2.3 移码型基因突变

在 DNA 碱基序列中插入或缺失了一个或几个(除了 3 和 3 的倍数)碱基,按三联密码连续阅读的规则,该部位以后的密码子组成全部改变,指导合成的多肽链也全部发生改变。

3 试验目的和原理

检测受试物对微生物(细菌)的基因突变作用,预测其遗传毒性和潜在的致癌作用。

细菌回复突变试验利用鼠伤寒沙门氏菌和大肠杆菌来检测点突变,涉及 DNA 的一个或几个碱基对的置换、插入或缺失见附录 A。鼠伤寒沙门氏菌和大肠杆菌的试验菌株分别为组氨酸缺陷突变型和色氨酸缺陷突变型,在无组氨酸或色氨酸的培养基上不能生长,在有组氨酸或色氨酸的培养基上才能正常生长。致突变物存在时可以回复突变为原养型,在无组氨酸或色氨酸的培养基上也可以生长。故可根据菌落形成数量来衡量受试物是否为致突变物。

某些致突变物需要代谢活化后才能使上述细菌产生回复突变,受试物要同时在有和没有代谢活化系统的条件下进行试验。

4 仪器和试剂

4.1 仪器

实验室常用设备、低温高速离心机、低温冰箱(—80 ℃)或液氮罐、生物安全柜、恒温培养箱、恒温水浴、灭菌设备、匀浆器等。

4.2 试剂

4.2.1 营养肉汤培养基

牛肉膏	2.5 g
胰蛋白胨	5.0 g
氯化钠	2.5 g
磷酸氢二钾($K_2HPO_4 \cdot 3H_2O$)	1.3 g

加蒸馏水至 500 mL,加热溶解,调 pH 至 7.4,分装后 0.103 MPa 灭菌 20 min,4 ℃保存备用,保存期不超过半年。

4.2.2 营养肉汤琼脂培养基

琼脂粉	1.5 g

加营养肉汤培养基至 100 mL,加热融化后调节 pH 为 7.4,0.103 MPa 灭菌 20 min。

4.2.3 底层培养基

4.2.3.1 配制方法

在 400 mL 灭菌的 1.5%琼脂培养基(100 ℃)中依次加入磷酸盐贮备液 8 mL,40%葡萄糖溶液 20 mL,充分混匀,冷却至 80 ℃左右时按每平皿 25 mL(相对于 90 mm 平皿)制备平板,冷凝固化后倒置于 37 ℃培养箱中 24 h,备用。

4.2.3.2 磷酸盐贮备液(Vogel-Bonner minimal medium E,50 倍)

磷酸氢钠铵($NaNH_4HPO_4 \cdot 4H_2O$)	17.5 g
柠檬酸($C_6H_8O_7 \cdot H_2O$)	10.0 g
磷酸氢二钾(K_2HPO_4)	50.0 g
硫酸镁($MgSO_4 \cdot 7H_2O$)	1.0 g

加蒸馏水至 100 mL 溶解,0.103 MPa 灭菌 20 min。

注:待其他试剂完全溶解后再将硫酸镁缓慢放入其中继续溶解,否则容易析出沉淀。

4.2.3.3 40%葡萄糖溶液

葡萄糖 40.0 g 加蒸馏水至 100 mL,0.055 MPa 灭菌 20 min。

4.2.3.4 1.5%琼脂培养基

琼脂粉 6.0 g 加入 400 mL 锥形瓶,加蒸馏水至 400 mL,融化后,0.103 MPa 灭菌 20 min。

4.2.4 顶层培养基

加热融化顶层琼脂,每 100 mL 顶层琼脂中加 10 mL 组氨酸-生物素溶液(0.5 mmol/L)。混匀,分装在 4 个烧瓶中,0.103 MPa 灭菌 20 min。用时融化分装小试管,每管 2 mL,45 ℃水浴中保温。顶层琼脂和组氨酸-生物素溶液(0.5 mmol/L)配制如下。

4.2.4.1 顶层琼脂

琼脂粉 3.0 g,氯化钠 2.5 g 加蒸馏水至 500 mL,0.103 MPa 灭菌 20 min。

4.2.4.2 组氨酸-生物素溶液(0.5 mmol/L)(诱变试验用)

D-生物素(相对分子质量 244)30.5 mg 和 L-组氨酸(相对分子质量 155)19.4 mg 加蒸馏水至 250 mL，0.103 MPa 灭菌 20 min。

4.2.5 特殊试剂及培养基

4.2.5.1 0.8%氨苄青霉素溶液(鉴定菌株用,无菌配制)

氨苄青霉素 40 mg 用氢氧化钠溶液(0.02 mol/L)稀释至 5 mL,保存 4 ℃冰箱备用。

4.2.5.2 0.1%结晶紫溶液(鉴定菌株用)

100 mg 结晶紫,溶于无菌水至 100 mL。

4.2.5.3 L-组氨酸溶液和 D-生物素溶液(0.5 mmol/L)(鉴定菌株用)

L-组氨酸 0.404 3 g 和 D-生物素 12.2 mg 分别溶于蒸馏水至 100 mL,0.103 MPa 灭菌 20 min,保存于 4 ℃冰箱备用。

4.2.5.4 0.8%四环素溶液(用于四环素抗性试验和氨苄青霉素-四环素平板)

40 mg 四环素用盐酸缓冲液(0.02 mol/L)稀释至 5 mL,保存于 4 ℃冰箱。

4.2.5.5 氨苄青霉素平板(用作 TA97、TA98、TA100 菌株的主平板)和氨苄青霉素-四环素平板(用作 TA102 菌株的主平板)

每 1 000 mL 由以下成分组成:

底层培养基	980 mL
组氨酸水溶液(0.404 3 g/100 mL)	10 mL
生物素(0.5 mmol/L)	6 mL
0.8%氨苄青霉素溶液	3.15 mL
0.8%四环素溶液	0.25 mL

四环素仅在使用对四环素有抗性的 TA102 时加入。各成分均已分别灭菌或无菌制备。

4.2.5.6 组氨酸-生物素平板(组氨酸需要试验用)

每 1 000 mL 中由以下成分组成:

底层培养基	984 mL
组氨酸水溶液(0.404 3 g/100 mL)	10 mL
生物素(0.5 mmol/L)	6 mL

各成分均已分别灭菌。

4.2.5.7 二甲亚砜(DMSO)

光谱纯,无菌。

4.2.6 阳性诱变剂的配制

根据所选择的诱变剂的种类和剂量用适当的溶媒配制阳性对照品(见附录 B、附录 C)。

注:培养基成分或试剂除特殊说明外至少应是化学纯,无诱变性。避免重复高温处理,选择适当保存温度和期限。

4.3 10%S9 混合液的制备

4.3.1 S9 辅助因子的配制

4.3.1.1 镁钾溶液

氯化镁 1.9 g 和氯化钾 6.15 g 加蒸馏水溶解至 100 mL。

4.3.1.2 磷酸盐缓冲液(0.2 mol/ L)(pH7.4)

磷酸氢二钠(Na_2HPO_4，28.4 g/L)　　440 mL
磷酸二氢钠($NaH_2PO_4 \cdot H_2O$，27.6 g/L)　　60 mL
调 pH 至 7.4,0.103 MPa 灭菌 20 min 或滤菌。

4.3.1.3 辅酶-Ⅱ(氧化型)溶液

无菌条件下称取辅酶-Ⅱ,用无菌蒸馏水溶解配制成溶液(0.025 mol/L),现用现配。

4.3.1.4 葡萄糖-6-磷酸钠盐溶液

无菌条件下称取葡萄糖-6-磷酸钠盐,用无菌蒸馏水溶解配制成溶液(0.05 mol/L),现用现配。

4.3.2 大鼠肝 S9 组分的诱导和配制

选健康雄性成年 SD 或 Wistar 大鼠,体重 150 g～200 g,周龄约 5 周～6 周。将多氯联苯(Aroclor1254)溶于玉米油中,浓度为 200 g/L,按 500 mg/kg 体重无菌操作一次腹腔注射,5 d 后处死动物,处死前禁食 12 h。

也可采用苯巴比妥钠和 β-萘黄酮联合诱导的方法进行制备,经口灌胃给予大鼠苯巴比妥钠和 β-萘黄酮,剂量均为 80 mg/kg,连续 3 d,禁食 16 h 后断头处死动物。其他操作同多氯联苯诱导。

处死动物后取出肝脏,称重后用新鲜冰冷的氯化钾溶液(0.15 mol/L)连续冲洗肝脏数次,以便除去能抑制微粒体酶活性的血红蛋白。每克肝(湿重)加氯化钾溶液(0.1 mol/L)3 mL,连同烧杯移入冰浴中,用无菌剪刀剪碎肝脏,在玻璃匀浆器(低于 4 000 r/min,1 min～2 min)或组织匀浆器(低于20 000 r/min, 1 min)中制成肝匀浆。以上操作需注意无菌和局部冷环境。

将制成的肝匀浆在低温(0 ℃～4 ℃)高速离心机上以 9 000g 离心 10 min,吸出上清液为 S9 组分,分装于无菌冷冻管或安瓿中,每安瓿 2 mL 左右,用液氮或干冰速冻后置 80 ℃低温保存。

S9 组分制成后,经无菌检查,测定蛋白含量(Lowry 法),每毫升蛋白含量不超过 40 mg 为宜,并经间接致癌物(诱变剂)鉴定其生物活性合格后贮存于深低温或冰冻干燥,保存期不超过 1 年。

4.3.3 10% S9 混合液的制备

10%S9 混合液一般由 S9 组分和辅助因子按 1∶9 组成,也可将浓度配制成 30%(不同受试物所需 S9 浓度不同),临用时新鲜无菌配制,或过滤除菌。10% S9 混合液 10 mL 配制如下:

磷酸盐缓冲液　　6.0 mL
镁钾溶液　　0.4 mL
葡萄糖-6-磷酸钠盐溶液　　1.0 mL
辅酶-Ⅱ溶液　　1.6 mL
肝 S9 组分　　1.0 mL
混匀,置冰浴中待用。

用每平板 0.5 mL S9 混合液(含 20 μL～50 μL S9)测定其对已知阳性致癌物(诱变剂)的生物活性,确定最适用量。也可按一般用量,即每平皿 0.5 mL S9 混合液。

5 菌株及其鉴定与保存

5.1 试验菌株

推荐采用下列的菌株组合:

a) 鼠伤寒沙门氏菌 TA1535；

b) 鼠伤寒沙门氏菌 TA97a 或 TA97 或 TA1537；

c) 鼠伤寒沙门氏菌 TA98；

d) 鼠伤寒沙门氏菌 TA100；

e) 鼠伤寒沙门氏菌 TA102 或大肠杆菌 WP2uvrA 或大肠杆菌 WP2uvrA(PKM101)。

5.2 菌株的鉴定

5.2.1 总则

菌株特性应与回复突变试验标准相符。菌株的鉴定包括：基因型鉴定、自发回变数鉴定和对阳性致突变物敏感性的鉴定。

每 3 个月进行一次菌株鉴定，遇到下列情况也应进行菌株鉴定：

a) 在收到培养菌株后；

b) 当制备一套新的冷冻保存或冰冻干燥菌株时；

c) 重新挑选菌株时；

d) 使用主平板传代时。

5.2.2 鉴定方法

5.2.2.1 增菌培养

在 5 mL 营养肉汤培养基中用接种环接种贮存菌培养物，37 ℃振荡(100 次/min)培养 10 h 或静置培养 16 h，使活菌数不少于 1×10^9/mL～2×10^9/mL。

5.2.2.2 组氨酸缺陷型(his)的鉴定

5.2.2.2.1 底层培养皿的制备

加热融化底层培养基两瓶。一瓶不加组氨酸，每 100 mL 底层培养基中加 0.5 mmol D-生物素 0.6 mL；另一瓶加组氨酸，每 100 mL 底层培养基中加 L-组氨酸 1 mL 和 0.5 mmol D-生物素 0.6 mL。冷却至 50 ℃左右，每种底层培养基各倒两个平板。

5.2.2.2.2 接种

取有组氨酸和无组氨酸培养基平板各一个，按菌株号顺序各取一接种环的菌液划直线于培养基表面，37 ℃培养 48 h。

5.2.2.2.3 结果判定

株菌在有组氨酸培养基平板表面各长出一条菌膜，在无组氨酸培养基平板上除自发回变菌落外无菌膜，说明受试菌株确为组氨酸缺陷型。

5.2.2.3 脂多糖屏障缺陷(rfa)的鉴定

5.2.2.3.1 接种

加热融化营养肉汤琼脂培养基。取菌液 0.1 mL 移入平板，迅速将营养肉汤琼脂培养基(冷却至 50 ℃ 左右)适量倒入平板，混匀，平放凝固。将无菌滤纸片一片放入已凝固的培养基平板中央，用移液器在滤纸片上滴加 0.1%结晶紫溶液 10 μL，37 ℃培养 24 h，每个菌株做一个平板。

5.2.2.3.2 结果判定

阳性者在纸片周围出现一个透明的抑制带，说明存在 rfa 突变。这种变化允许某些大分子物质进入细菌体内并抑制其生长。

5.2.2.4 R 因子(抗氨苄青霉素)的鉴定

5.2.2.4.1 接种

加热融化营养肉汤琼脂培养基，冷却到 50 ℃左右，适量倒入平板中，平放凝固，用移液器吸 0.8%的氨苄青霉素 10 μL，在凝固的培养基表面沿中线涂成一条带，待氨苄青霉素溶液干后，用接种环取各菌株菌液与氨苄青霉素带相交叉划线接种，并且接种一个不具有 R 因子的菌株作氨苄青霉素抗性的对照，37 ℃培养 24 h，一个平板可同时鉴定几个菌株。

5.2.2.4.2 结果判定

菌株在氨苄青霉素带的周围依然生长不受抑制，即有抗氨苄青霉素效应，证明它们都带有 R 因子。

5.2.2.5 四环素抗性的鉴定

5.2.2.5.1 接种

用移液器各吸取 5 μL～10 μL 0.8%的四环素溶液和 0.8%的氨苄青霉素溶液，在营养肉汤琼脂培养基平板表面沿中线涂成一条带，待四环素和氨苄青霉素溶液干后，用接种环取各菌株菌液与四环素和氨苄青霉素带相交叉划线接种 TA102 和一种有 R 因子的菌株(作四环素抗性的对照)，37 ℃培养 24 h。

5.2.2.5.2 结果判定

TA102 菌株生长不受抑制，对照菌株有一段生长抑制区，表明 TA102 菌株有抗四环素效应。

5.2.2.6 uvrB 修复缺陷型的鉴定

5.2.2.6.1 接种

在营养肉汤琼脂培养基平板表面用接种环划线接种需要的菌株。接种后的平板一半用墨纸覆盖，在距 15 W 紫外线灭菌灯 33 cm 处照射 8 s，37 ℃培养 24 h。

5.2.2.6.2 结果判定

对紫外线敏感的三个菌株(TA97、TA98、TA100)仅在没有照射过的一半生长，具有野生型切除修复酶的菌株 TA102 仍能生长。

5.2.2.7 生物素缺陷型(bio)的鉴定

5.2.2.7.1 底层培养皿的制备

加热融化底层培养基两瓶。一瓶加生物素，每 100 mL 底层培养基中加 0.5 mmol D-生物素0.6 mL 和 L-组氨酸 1 mL；另一瓶不加生物素，每 100 mL 底层培养基中加 L-组氨酸 1 mL，冷却至 50 ℃左右，每种底层培养基各倒两个平板。

5.2.2.7.2 接种

取有生物素和无生物素培养基平板各一个，按菌株号顺序各取一接种环的菌液划直线于培养基表面,37 ℃培养 48 h。

5.2.2.7.3 **结果判定**

株菌在有生物素培养基平板表面各长出一条菌膜,在无生物素培养基平板上除自发回变菌落外无菌膜,说明受试菌株确为生物素缺陷型。

5.2.2.8 **自发回变率的测定**

5.2.2.8.1 **测定方法**

准备底层培养基平板 8 个。融化顶层培养基 8 管,每管 2 mL,在 45 ℃水浴中保温。在每管顶层培养基中,分别加入待鉴定的测试菌株的菌液 0.1 mL,一式两份,轻轻摇匀,迅速将此试管内容物倒入已固化的底层培养基平板中,转动平板,使顶层培养基均匀分布,平放固化,37 ℃培养 48 h,计数菌落数。

5.2.2.8.2 **结果判定**

每一株的自发回变率应落在表 A.3 所列的正常范围内。

5.3 菌株的保存

鉴定合格的菌株应保存在深低温(如－80 ℃),或加入 9%光谱级 DMSO 作为冷冻保护剂保存在液氮条件下(－196 ℃)。无上述条件者可冰冻干燥制成干粉,4 ℃保存。除液氮条件外,保存期一般不超过 2 年。主平板贮存于 4 ℃,超过 2 个月后应丢弃(TA102 除外,保存 2 周后丢弃)。

6 试验设计及受试物的处理

6.1 溶媒

溶媒应不与受试物发生反应,对所选菌株和 S9 没有毒性,没有诱变性。首选蒸馏水,对于不溶于水的受试物可选择其他溶媒,首选 DMSO(每平板最高添加量不超过 0.1 mL)。也可选择其他溶媒。

6.2 剂量设计

决定受试物最高剂量的原则是受试物对试验菌株的毒性和受试物的溶解度。进行预试验有助于了解受试物对菌株的毒性和受试物的溶解度。对于无细菌毒性的可溶性受试物推荐的最高剂量是 5 mg/皿或 5 μL/皿;对于溶解度差的受试物,可以采用悬浊液,但溶液浑浊的程度(沉淀的多少)不能影响菌落计数。由于溶解度或者毒性的限制最大剂量达不到 5 mg/皿或 5 μL/皿时,最高剂量应为出现沉淀或细菌毒性的剂量。评价含有潜在致突变杂质的受试物时,试验剂量可以高于 5 mg/皿或 5 μL/皿。对于需要前处理的受试物(如液体饮料、袋泡茶、口服液和辅料含量较大的样品等),其剂量设计应以处理后的样品计。

每种受试物在允许的最高剂量下设 4 个剂量组,包括加和不加 S9 两种情况。按等比组距的原则设定剂量间隔,推荐采用$\sqrt{10}$倍组距。每个剂量应作 3 个平板。

一般受试物的最低剂量不低于 0.2 μg/皿。

受试物应无菌,必要时以适当的方法灭菌或除菌。

6.3 对照组的设置

试验应同时设阳性对照组、溶媒对照组和未处理对照组,包括加和不加 S9 种情况。

阳性对照物要根据所采用的菌株进行选择,并选择合适的剂量以保证每次试验的有效性,可参考附录B、附录C或其他资料。

溶媒对照组的处理方法除不加入受试物外与处理组相同。

当阳性致突变物采用DMSO溶解，而受试物不用DMSO溶解时，应同时做DMSO溶媒对照。

6.4 含组氨酸受试物

对已知和经证实含有组氨酸并可能影响试验结果的受试物必要时进行预处理（如经XAD-Ⅱ树脂柱过滤）。

7 试验方法

7.1 总则

常用的试验方法有平板掺入法、预培养平板掺入法和点试法等。

7.2 平板掺入法

7.2.1 将主平板或冷冻保存的菌株培养物接种于营养肉汤培养基内，37 ℃振荡（100次/min）培养10 h或静置培养16 h，使活菌数不少于1×10^9/mL～2×10^9/mL。

7.2.2 底层培养基平板，每个剂量加S9和不加S9均做3个平板。

7.2.3 融化顶层培养基分装于无菌带帽小试管（试管数与平板数相同），每管2 mL，在45 ℃水浴中保温。

7.2.4 在保温的顶层培养基（试管）中依次加入测试菌株新鲜增菌液0.1 mL，混匀；试验组加受试物0.05 mL～0.2 mL（一般加入0.1 mL，需活化时另加10% S9混合液0.5 mL），再混匀，迅速倾入铺好底层培养基的平板上，转动平板使顶层培养基均匀分布在底层培养基上，平放固化；37 ℃培养48 h观察结果，必要时延长至72 h观察结果。

7.2.5 阳性对照组加入同体积标准诱变剂；溶媒对照组只加入同体积的溶媒；未处理对照组只在培养基上加菌液；其他方法同试验组。

7.3 预培养平板掺入法

预培养对于某些受试物可取得较好效果。因此可根据情况确定是否进行预培养。在加入顶层培养基前，先进行以下预培养步骤：

a) 将受试物（需活化时另加10% S9混合液0.5 mL）和菌液，在37 ℃中培养20 min，或在30 ℃中培养30 min；

b) 再加入2 mL顶层琼脂；

其他同7.2。

7.4 点试法

7.4.1 按7.2.1操作。

7.4.2 按7.2.2操作。

7.4.3 按7.2.3操作。

7.4.4 在水浴保温的顶层培养基中依次加入测试增菌液0.1 mL（需活化时另加10% S9混合液0.5 mL），混匀，迅速倾入底层培养基上，转动平板，使顶层培养基在底层分布均匀。平放固化后取无菌滤纸片（直径约为6 mm），小心放在已固化的顶层培养基的适当位置上，用移液器取适量受试物（如10 μL），点在纸片上，或将少量固体受试物结晶加到纸片或琼脂表面；37 ℃培养48 h观察结果。

7.4.5 另作阳性对照组和溶媒对照组，分别在滤纸片上加入同体积标准诱变剂、溶媒，未处理对照组滤纸片上不加物质，其他步骤同上。

8　数据处理与结果评价

8.1　回变菌落计数

直接计数培养基上的回变菌落数，计算各菌株各剂量 3 个平板回变菌落数的均数和标准差。

8.2　掺入法结果评价

在背景生长良好的条件下，测试菌株 TA1535、TA1537、TA98 和大肠杆菌的回变菌落数等于或大于未处理对照组的 2 倍，其他测试菌株的回变菌落数等于或大于未处理对照组的 2 倍，并具有以下 a)、b)两种情况之一的可判定为阳性结果：

a)　有剂量-反应关系；

b)　某一测试点有可重复的阳性结果。

8.3　点试法结果评价

如在受试物点样纸片周围长出较多密集的回变菌落，与未处理对照相比有明显区别者，可初步判定该受试物诱变试验阳性，但应该用掺入法试验来验证。

8.4　验证

明显的阳性结果不需要进行验证；可疑的结果要改用其他的方法进行验证；阴性结果需要验证(即重复一次)，应改变试验的条件，如剂量间距(改为 5 倍间距)等。

8.5　对照组结果评价

阳性结果表明受试物对试验菌株的基因组诱发了点突变。阴性结果表明，在该试验条件下受试物对测试菌株不诱发基因突变。

9　报告

9.1　试验名称、试验单位名称和联系方式、报告编号。

9.2　试验委托单位名称和联系方式、样品受理日期。

9.3　试验开始和结束日期、试验项目负责人、试验单位技术负责人、签发日期。

9.4　试验摘要。

9.5　受试物：名称、鉴定资料、CAS 编号(如已知)、纯度、与本试验有关的受试物的物理和化学性质及稳定性等。

9.6　溶媒：溶媒的选择依据，受试物在溶媒中的溶解性和稳定性。

9.7　菌株：来源、名称、浓度(细菌个数/皿)及菌株特性(包括菌株鉴定的时间和结果)。

9.8　试验条件：剂量、代谢活化系统、标准诱变剂、操作步骤等。

9.9　试验结果：受试物对菌株的毒性、背景菌苔生长情况、平板上是否有沉淀、每个平板的回变菌落数、各剂量各菌株加和不加 S9 每皿回变菌落数的均数和标准差、是否具有剂量-反应关系、统计结果，同时进行的溶媒对照和阳性对照的均数和标准差、以及溶媒对照和阳性对照的历史范围。

9.10　结论：本试验条件下受试物是否具有致突变作用。

10 试验的解释

本试验采用的是原核细胞，与哺乳动物细胞在摄取、代谢、染色体结构和DNA修复等方面都有所不同。体外试验一般需要外源性代谢活化，但体外代谢活化系统不能完全模拟哺乳动物体内代谢条件，因此，本试验结果不能直接外推到哺乳动物。

本试验通常用于遗传毒性的初步筛选，并特别适用于诱发点突变的筛选。已有的数据库证明在本试验为阳性结果的很多化学物在其他试验也显示致突变活性。也有一些致突变物在本试验不能检测，这可能是由于检测终点的特殊性质、代谢活化的差别，或生物利用度的差别。

本试验不适用于某些类别的化学物，如强杀菌剂和特异性干扰哺乳动物细胞复制系统的化学品。对这些受试样品可使用哺乳动物细胞基因突变试验。

对于各菌株的自发回变范围，各实验室在参考其他实验室数据的基础上应建立自己的历史对照数据库，形成适合本实验室条件的实用范围。

附 录 A

试验菌株的突变基因、检测类型、生物学特性以及自发回变数

试验菌株的突变基因、检测类型、生物学特性以及自发回变数见表 A.1～表 A.3。

表 A.1 试验菌株的突变基因和检测类型

菌株	突变部位	突变类型	检测类型
TA97	hisD6610	CCC 区域+4	移码突变
TA98	hisD3052	CG 区域-1	移码突变
TA1535	hisG46	AT-GC	碱基置换，部分移码突变
TA1537	hisC3076	C...C 区域+1	移码突变
TA100	hisG46	AT-GC	碱基置换，部分移码突变
TA102(pAQ1)	hisG428	GC-AT	碱基置换、部分移码突变
WP2uvrA	try	—	碱基置换
WP2uvrA(pKM101)	try	—	碱基置换

表 A.2 试验菌株生物学特性鉴定标准

菌株	色氨酸缺陷	组氨酸缺陷(his)	脂多糖屏障缺陷(rfa)	R 因子(抗氨苄青霉素)	抗四环素	uvrB 修复缺陷
TA97		+	+	+	—	+
TA97a		+	+	+	—	+
TA98		+	+	+	—	+
TA100		+	+	+	—	+
TA102		+	+	+	+	—
TA1535		+	+	—	—	+
TA1537		+	+	—	—	+
WP2uvrA	+			—	—	+
WP2uvrA(pKM101)	+			+	—	+

注：+表示阳性；—表示阴性；空格表示不需要进行此项鉴定。

表 A.3 试验菌株自发回变菌落数

菌株	Ames 实验室	Bridges 实验室	Errol & Zeiger 实验室	
	不加 S9	不加 S9	不加 S9	加 S9
TA97	90～180	—	100～200	75～200
TA97a	90～180	—	100～200	75～200
TA98	30～50	—	20～50	20～50
TA100	120～200	—	75～200	75～200
TA102	240～320	—	200～400	100～300
TA1535	10～35	—	5～20	5～20
TA1537	3～15	—	5～20	5～20
WP2uvrA	—	7～23	—	—
WP2uvrA(pKM101)	—	27～69	—	—

附 录 B

标准诊断性诱变剂

B.1 标准诊断性诱变剂见表 B.1。

表 B.1 推荐用于掺入平板法和点试法的标准诱变剂

方 法	S9	TA97	TA98	TA100	TA102
平板掺入法	不加	敌克松	敌克松	叠氮钠	敌克松
	加	2-氨基芴	2-氨基芴	2-氨基芴	1,8-二羟蒽醌
点 试 法	不加	敌克松	敌克松	叠氮钠	敌克松
	加	2-氨基芴	2-氨基芴	2-氨基芴	1,8-二羟蒽醌

B.2 诊断性诱变剂测试结果见表 B.2 和表 B.3。

表 B.2 诊断性诱变剂在平板掺入中的测试结果

诱变剂	剂量/(μg/皿)	S9	每皿回变菌落数			
			TA97a	TA98	TA100	TA102
柔毛霉素	6.0	—	124	3 123	47	592
叠氮钠	1.5	—	76	3	3 000	186
ICR-191	1.0	—	1 640	63	185	0
链黑霉素	0.25	—	inh[a]	inh	inh	2 230
丝裂霉素	0.5	—	inh	inh	inh	inh
2,4,7-三硝基芴铜	0.2	—	8 377	8 244	400	16
4-硝基-磷-苯撑二胺	20.0	—	2 160	1 599	798	0
4-硝基喹啉-*N*-氧化物	0.5	—	528	292	4 220	287
甲基磺酸甲酯	1.0(μL)	—	174	23	2 730	6 586
敌克松	50.0	—	2 688	1 198	183	895
2-氨基芴(2-AF)	10.0	+	1 742	6 194	3 026	261
苯并[*a*]芘	1.0	+	337	143	936	255

注：所列数值代表组氨酸回变菌落数值，取自剂量反应的线形部分，对照值已扣除，用 PCB 诱导的大鼠肝 S9 (20 μL/皿) 活化 2-AF、苯并[*a*]芘；

inh：指链黑霉素在无毒性范围(小于 0.25 μg)内没有检出诱变性，每 0.005 μg 在 TA100 引起的回变菌落数小于 70；

丝裂霉素对 uvrB 菌株是致死的。

表 B.3 诊断性诱变剂在点试法中的测试结果

诱变剂	剂量	S9	每皿回变菌落数			
			TA97a	TA98	TA100	TA102
柔毛霉素	5.0 μg/皿	−	−	+	−	++
叠氮钠	1.0 μg/皿	−	±	−	++++	−
ICR-191	1.0 μg/皿	−	++++	+	++	+
丝裂霉素	2.5 μg/皿	−	inh	inh	inh	+++
2,4,7-三硝基芴铜	0.1 μg/皿	−	++	++++	++	++
4-硝基-磷-苯撑二胺	20.0 μg/皿	−	++	+++	+	+
4-硝基喹啉-*N*-氧化物	10.0 μg/皿	−	±	++	++++	+++
甲基磺酸甲酯	2.0 μL/皿	−	+	−	+++	++++
敌克松	50.0 μg/皿	−	++++	+++	++	+++
2-氨基芴(2-AF)	20.0 μg/皿	+	++	++++	+++	+
黄曲霉毒素 B_1	1.0 μg/皿	+		++	++	
甲基硝基亚硝基胍	2.0 μg/皿	−		−	+++	

注：每皿回变菌落数(扣除自发回变)的符号－：＜20；＋：20～100；＋＋：100～200；＋＋＋：200～500；＋＋＋＋：＞500；

柔毛霉素和叠氮钠溶解在水中，其他所有化合物溶解在 DMSO 中；

用 PCB 诱导的大鼠 S9(20 μg/皿)活化 2-AF；

柔毛霉素在点试中产生最低效应，应作平板掺入试验；

inh：因诱变剂毒性引起的生长抑制。

附 录 C

OECD 和 USEPA 推荐的阳性诱变剂

C.1 使用代谢活化系统时所用阳性诱变剂

C.1.1 9,10-二甲基蒽(9,10-dimethylanthracene [CAS 781-43-1])。

C.1.2 7,12-二甲基苯蒽(7,12-dimethylbenzanthracene [CAS 57-97-6])。

C.1.3 刚果红(congo Red [CAS 573-58-0],for the reductive metabolic activation method)。

C.1.4 苯并[*a*]芘(benzo(a)pyrene [CAS 50-32-8])。

C.1.5 环磷酰胺(cyclophosphamide (monohydrate) [CAS no. 50-18-0 (CAS. 6055-19-2)])。

C.1.6 2-氨基蒽(2-AA,2-Aminoanthracene [CAS 613-13-8])。

C.1.7 2-氨基蒽不能单独用作 S9 混合物有效的指示剂。如果使用 2-氨基蒽,每批 S9 还要用其他需要微粒体酶代谢活化的诱变剂(如苯并[*a*]芘、7,12-二甲基苯蒽)来对其特性进行测试。

C.2 不使用代谢活化系统时所用阳性诱变剂

不使用代谢活化系统时所用阳性诱变剂见表 C.1。

表 C.1 不使用代谢活化系统时所用阳性诱变剂

阳性诱变剂	菌株
叠氮钠(sodium azide [CAS 26628-22-8])	TA1535 和 TA100
2-硝基芴(2-nitrofluorene [CAS 607-57-8])	TA98
9-氨基吖啶(9-aminoacridine [CAS 90-45-9]) 或 ICR191 [CAS 17070-45-0]	TA1537、TA97 和 TA97a
过氧基异丙苯(cumene hydroperoxide [CAS 80-15-9])	TA102
丝裂霉素 C(mitomycin C [CAS 50-07-7])	WP2 uvrA 和 TA102
N-乙基-*N*-硝基-*N*-亚硝基胍 (*N*-ethyl-*N*-nitro-*N*-nitrosoguanidine [CAS 70-25-7])或 4 硝基喹啉 1-氧化物(4-nitroquinoline 1-oxide [CAS 56-57-5])	WP2, WP2 uvrA 和 WP2 uvrA(pKM101)
呋喃糖酰胺(furylfuramide (AF-2) [CAS 3688-53-7])	含有质粒的菌株

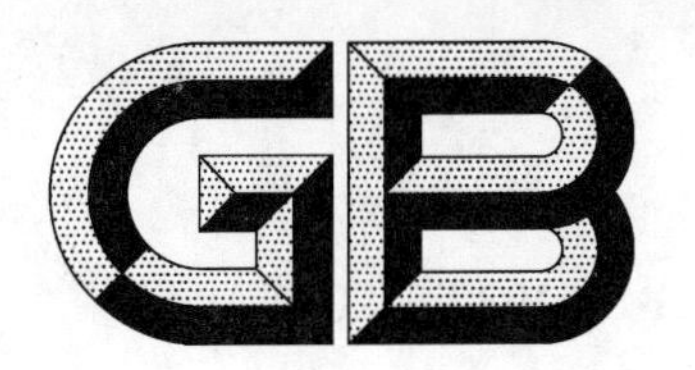

中华人民共和国国家标准

GB 15193.5—2014

食品安全国家标准
哺乳动物红细胞微核试验

2014-12-24 发布　　2015-05-01 实施

中华人民共和国
国家卫生和计划生育委员会 发布

前　言

本标准代替 GB 15193.5—2003《骨髓细胞微核试验》。

本标准与 GB 15193.5—2003 相比，主要变化如下：

——标准名称修改为“食品安全国家标准　哺乳动物红细胞微核试验”；

——修改了范围；

——增加了术语和定义；

——增加了试验报告；

——增加了试验的解释；

——修改了试验目的和原理；

——修改了实验动物；

——修改了给予程序；

——修改了标本制作；

——修改了阅片的内容。

食品安全国家标准
哺乳动物红细胞微核试验

1 范围

本标准规定了哺乳动物红细胞微核试验的基本试验方法和技术要求。

本标准适用于评价受试物的遗传毒性作用。

2 术语和定义

2.1 微核

细胞有丝分裂后期染色体有规律地进入子细胞形成细胞核时，仍留在细胞质中的整条染色单体或染色体的无着丝断片或环。在末期单独形成一个或几个规则的次核，被包含在细胞的胞质内而形成。

2.2 着丝粒

在细胞分裂期染色体与纺锤体纤维连接的区域，以使子染色体有序移动到子细胞两极。

2.3 正染红细胞

成熟的红细胞，其缺乏核糖体并可用选择性核糖体染料与未成熟的嗜多染红细胞区分。

2.4 嗜多染红细胞

未成熟的红细胞处于发育的中间期，仍含有核糖体，故可用选择性核糖体染料与成熟的正染红细胞区分。

2.5 总红细胞

正染红细胞和嗜多染红细胞的总和。

3 试验目的和原理

哺乳动物红细胞微核试验通过分析动物骨髓和(或)外周血红细胞，用于检测受试物引起的成熟红细胞染色体损伤或有丝分裂装置损伤，导致形成含有迟滞的染色体断片或整条染色体的微核。这种情况的出现通常是受到染色体断裂剂作用的结果。此外也可能在受到纺锤体毒物的作用时，主核未能形成代之以一组小核，此时小核比一般典型的微核稍大。

4 仪器和试剂

4.1 仪器

解剖器械、生物显微镜、载玻片等。

4.2 试剂

注：全部试剂除注明外均为分析纯，试验用水为蒸馏水。

4.2.1 小牛血清：小牛血清滤菌后放入 56 ℃恒温水浴保温 1 h 进行灭活。通常储存于 4 ℃冰箱里。亦可用大、小鼠血清代替。

4.2.2 Giemsa 染液：称取 Giemsa 染料 3.8 g，加入 375 mL 甲醇研磨，待完全溶解后，再加入 125 mL 甘油。置 37 ℃恒温箱保温 48 h，期间振摇数次，取出过滤，两周后可用。

4.2.3 Giemsa 应用液：取一份 Giemsa 染液与 6 份磷酸盐缓冲液混合而成。现用现配。

4.2.4 1/15 mol/L 磷酸盐缓冲液(pH6.8)：

磷酸二氢钾(KH_2PO_4)　　4.50 g

磷酸氢二钠($Na_2HPO_4 \cdot 12H_2O$)　　11.81 g

加蒸馏水至　　1 000 mL

4.2.5 甲醇。

5 试验方法

5.1 受试物

5.1.1 受试物的配制：应将受试物溶解或悬浮于合适的溶媒中，首选溶媒为水、不溶于水的受试物可使用植物油(如橄榄油、玉米油等)，不溶于水或油的受试物亦可使用羧甲基纤维素、淀粉等配成混悬液或糊状物等。受试物应现用现配，有资料表明其溶液或混悬液储存稳定者除外。

5.1.2 给予途径：应采用灌胃法。阳性对照物也可采用腹腔注射的方法。灌胃体积一般不超过 10 mL/kg 体重，如为水溶液时，最大灌胃体积可达 20 mL/kg 体重；如为油性液体，灌胃体积应不超过 4 mL/kg 体重；各组灌胃体积一致。

5.2 实验动物

5.2.1 动物种、系选择：在利用骨髓时，推荐使用小鼠或大鼠。利用外周血时，推荐用小鼠。如果已经证实某品系动物脾脏不清除有微核的嗜多染红细胞，或对引起染色体结构或数目畸变的化学物检测有足够的敏感性，则此种动物可以利用。通常用 7 周龄～12 周龄，体重 25 g～35 g 的小鼠或体重 200 g～300 g 的大鼠，在试验开始时，动物体重差异应不超过每种性别平均体重的±20%。每组用两种性别的动物至少各 5 只。

5.2.2 动物准备：试验前动物在试验动物房应进行至少 3 d～5 d 环境适应和检疫观察。

5.2.3 动物饲养：实验动物饲养条件、饮用水、饲料应符合国家标准和有关规定(GB 14925、GB 5749、GB 14924.1、GB 14924.2、GB 14924.3)。每个受试物组动物按性别分笼饲养，每笼 5 只。试验期间实验动物喂饲基础饲料，自由饮水。

5.3 剂量

受试物应设三个剂量组，最高剂量组原则上为动物出现严重中毒表现和(或)个别动物出现死亡的剂量，一般可取 1/2 LD_{50}，低剂量组应不表现出毒性，分别取 1/4 LD_{50} 和 1/8 LD_{50} 作为中、低剂量。急性毒性试验给予受试物最大剂量(最大使用浓度和最大灌胃容量)动物无死亡而求不出 LD_{50} 时，高剂量组则按以下顺序：

a) 10 g/kg 体重；

b) 人的可能摄入量的 100 倍；

c) 一次最大灌胃剂量进行设计，再下设中、低剂量组。另设溶媒对照组。阳性对照物可用环磷酰胺 40 mg/kg 体重经口或腹腔注射(首选经口)给予。

5.4 试验步骤和观察指标

5.4.1 受试物给予

经口灌胃。根据细胞周期和不同物质的作用特点,可先做预试,确定取材时间。常用 30 h 给受试物法。即两次给受试物间隔 24 h,第二次给受试物后 6 h 采集骨髓样品。试验还可以有以下 2 种采样方式:

a) 以受试物 1 次给予动物。以适当的间隔采集骨髓样品至少 2 次,开始不早于给予后 24 h,最后不晚于给予后 48 h。早于给予后 24 h 的采样,应说明理由。外周血采样以适当的间隔至少 2 次,开始不早于给予后 36 h,最后不晚于给予后 72 h。如在一个采样时间发现阳性结果,则不需要进一步采样。
b) 每天 1 次给予,共 2 次或多次(间隔 24 h)给予,可在末次给予后 18 h～24 h 之间采集骨髓 1 次,对外周血可在末次给予后 36 h～48 h 之间采样 1 次。若选用外周血正染红细胞的含微核细胞率作为试验观察终点,动物给予的时间应达 4 周以上。

5.4.2 标本制作

5.4.2.1 骨髓样品:处死后取胸骨或股骨,用止血钳挤出骨髓液与玻片一端的小牛血清混匀,常规涂片,或用小牛血清冲洗股骨骨髓腔制成细胞悬液涂片,涂片自然干燥后放入甲醇中固定 5 min～10 min。当日固定后保存。将固定好的涂片放入 Giemsa 应用液中,染色 10 min～15 min。立即用 pH 6.8 的磷酸盐缓冲液或蒸馏水冲洗、晾干。写好标签,阴凉干燥处保存。

5.4.2.2 外周血样品:从尾静脉或其他适当的血管采集外周血,血细胞立即在存活状态染色或制备涂片并染色。为排除与使用非 DNA 染料相关的人工假象可利用 DNA 特异性染料(如吖啶橙或 Hoechst33258 加 Pyronin-Y)。这种方法的好处是不会排除常用染料(如 Giemsa)的使用。

5.4.3 阅片

5.4.3.1 选择细胞完整、分散均匀,着色适当的区域,在油镜下观察。以有核细胞形态完好作为判断制片优劣的标准。

5.4.3.2 本方法系观察嗜多染红细胞的微核。用 Giemsa 染色法,嗜多染红细胞呈灰蓝色,成熟红细胞呈粉红色。典型的微核多为单个的、圆形、边缘光滑整齐,嗜色性与核质一致,呈紫红色或蓝紫色,直径通常为红细胞的 1/20～1/5。

5.4.3.3 对每个动物的骨髓至少观察 200 个红细胞,对外周血至少观察 1 000 个红细胞,计数嗜多染红细胞在总红细胞中比例,嗜多染红细胞在总红细胞中比例不应低于对照值的 20%。每个动物至少观察 2 000 个嗜多染红细胞以计数有微核嗜多染红细胞频率,即含微核细胞率,以千分率表示。如一个嗜多染红细胞中有多个微核存在时,只按一个细胞计。

6 数据处理和结果评价

6.1 数据处理

按动物性别分别统计各组含微核细胞率的均数和标准差,利用适当的统计学方法如泊松(Poisson)分布或 u 检验,对受试样品各剂量组与溶剂对照组的含微核细胞率进行比较。

6.2 结果评价

试验组与对照组相比,试验结果含微核细胞率有明显的剂量-反应关系并有统计学意义时,即可确认为有阳性结果。若统计学上差异有显著性，但无剂量-反应关系时，则应进行重复试验。结果能重复可确定为阳性。

7 试验报告

7.1 试验名称、试验单位名称和联系方式、报告编号。

7.2 试验委托单位名称和联系方式、样品受理日期。

7.3 试验开始和结束日期、试验项目负责人、试验单位技术负责人、签发日期。

7.4 试验摘要。

7.5 受试物：名称、批号、剂型、状态（包括感官、性状、包装完整性、标识）、数量、前处理方法、阳性对照物的相关信息。

7.6 实验动物：物种、品系、级别、数量、周龄、体重、性别、来源（供应商名称、实验动物生产许可证号）、动物检疫、适应情况，饲养环境（温度、相对湿度、实验动物设施使用许可证号），饲料来源（供应商名称、实验动物饲料生产许可证号）。

7.7 试验方法：试验分组、每组动物数、剂量选择依据、受试物给予途径及期限、采样时间点、标本制备方法、每只动物观察的细胞数、统计方法和判定标准。

7.8 试验结果：记录每只动物观察的嗜多染红细胞数和含有微核的细胞数，以列表方式报告不同性别每组动物的嗜多染红细胞数、含微核细胞率和嗜多染红细胞在总红细胞中的比例、剂量反应关系、阴性对照的历史资料和范围，并写明结果的统计方法。

7.9 试验结论：根据试验结果，对受试物是否能引起哺乳动物嗜多染红细胞含微核细胞率增加做出结论。

8 试验的解释

阳性结果表明受试样品在本试验条件下可引起哺乳动物嗜多染红细胞含微核细胞率增加。阴性结果表明在本试验条件下受试样品不引起哺乳动物嗜多染红细胞含微核细胞率增加。一般阴性对照组的含微核细胞率<5‰，供参考。但应有本实验室所用实验动物的自发含微核细胞率本底值作参考。本试验方法不适用于有证据表明受试物或其代谢产物不能达到靶组织的情况。

中华人民共和国国家标准

GB 15193.6—2014

食品安全国家标准
哺乳动物骨髓细胞染色体畸变试验

2015-01-28 发布　　　　2015-05-01 实施

中华人民共和国
国家卫生和计划生育委员会　发布

前　言

本标准代替 GB 15193.6—2003《哺乳动物骨髓细胞染色体畸变试验》。

本标准与 GB 15193.6—2003 相比，主要变化如下：

——标准名称修改为“食品安全国家标准　哺乳动物骨髓细胞染色体畸变试验”；

——修改了范围；

——增加了术语和定义；

——修改了试验目的和原理；

——修改了试验方法；

——修改了数据处理。

食品安全国家标准
哺乳动物骨髓细胞染色体畸变试验

1 范围

本标准规定了哺乳动物骨髓细胞染色体畸变试验的基本试验方法和技术要求。

本标准适用于评价受试物对哺乳动物骨髓细胞的遗传毒性。

2 术语和定义

2.1 染色体结构畸变

通过显微镜可以直接观察到的发生在细胞有丝分裂中期的染色体结构变化。如染色体中间缺失和断片，染色体互换和内交换等。结构畸变可分为染色体型畸变(chromosome-type aberration)和染色单体型畸变(chromatid-type aberration)。

2.2 染色体型畸变

染色体结构损伤，表现为在两个染色单体的相同位点均出现断裂或断裂重组的改变。

2.3 染色单体型畸变

染色体结构损伤，表现为染色单体断裂或染色单体断裂重组的损伤。

2.4 染色体数目畸变

染色体数目发生改变，不同于正常核型。

2.5 核内复制

在DNA复制的S期之后，细胞核未进行有丝分裂就开始了另一个S期的过程。其结果是染色体有4、8、16…倍的染色单体。

2.6 裂隙

染色体或染色单体损伤的长度小于一个染色单体的宽度，为染色单体的最小错误排列。

2.7 有丝分裂指数

中期相细胞数与所观察的细胞总数之比值。

3 试验目的和原理

在试验动物给予受试物后，用中期分裂相阻断剂(如秋水仙素或秋水仙胺)处理，抑制细胞分裂时纺锤体的形成，以便增加中期分裂相细胞的比例，随后取材、制片、染色、分析染色体畸变。

本试验可检测受试物能否引起整体动物骨髓细胞染色体畸变，以评价受试物致突变的可能性。若有证据表明受试物或其代谢产物不能到达骨髓，则不适用于本方法。

4 仪器和试剂

4.1 仪器

实验室常用设备、恒温水浴锅(37 ℃±5 ℃)、离心机、生物显微镜。

4.2 试剂

4.2.1 秋水仙素(0.4 mg/mL)：置于棕色瓶中，冰箱保存。

4.2.2 氯化钾溶液(0.075 mol/L)。

4.2.3 固定液：甲醇与冰醋酸以 3∶1 混合，临用时现配。

4.2.4 姬姆萨(Giemsa)储备染液：取 Giemsa 染料 3.8 g 和少量甲醇于乳钵里仔细研磨，逐渐加入甲醇至 375 mL，待完全溶解后，再加入 125 mL 甘油，混合均匀。置 37 ℃恒温箱中保温 48 h。保温期间振摇数次，促使染料的充分溶解。取出过滤，室温保存，两周后使用。

4.2.5 Giemsa 应用染液：取 1 份 Giemsa 储备染液与 9 份磷酸盐缓冲液(1/15 mol/L)混合而成。临用时配制。

4.2.6 磷酸盐缓冲液(pH6.8)。

4.2.6.1 磷酸氢二钠溶液(1/15 mol/L)：磷酸氢二钠(Na_2HPO_4)9.47 g 溶于 1 000 mL 去离子水中。

4.2.6.2 磷酸二氢钾溶液(1/15 mol/L)：磷酸二氢钾(KH_2PO_4)9.07 g 溶于 1 000 mL 去离子水中。

4.2.6.3 取磷酸氢二钠溶液(1/15 mol/L) 50 mL 与磷酸二氢钾溶液(1/15 mol/L)50 mL 混合。

4.2.7 阳性对照物：常用环磷酰胺，丝裂霉素 C 等。

5 试验方法

5.1 受试物

受试物应使用原始样品，若不能使用原始样品，应按照受试物处理原则对受试物进行适当处理。

5.2 实验动物

5.2.1 动物选择

常用健康年轻的成年大鼠或小鼠，如使用小鼠，可选择 7 周龄～12 周龄，试验开始时动物体重的差异不应超过平均体重的 20%。动物应随机分组，每组雌性和雄性动物至少各 5 只。如果试验设有几个采样时间点，则要求每组每个性别每个采样时间点都有 5 只能用于分析的动物。

5.2.2 动物准备

试验前动物在实验动物房至少应进行 3 d～5 d 环境适应和检疫观察。

5.2.3 动物饲养

实验动物饲养条件应符合 GB 14925、饮用水应符合 GB 5749、饲料应符合 GB 14924 的有关规定。试验期间动物自由饮水和摄食，每笼动物数应满足实验动物最低需要的空间，以不影响动物自由活动和观察动物的体征为宜。

5.3 剂量

应进行预试验以选择最高剂量。如果受试物具有毒性，应设 3 个剂量，最高剂量组原则上为动物出现严重中毒表现和(或)个别动物出现死亡的剂量，一般可取 1/2 LD_{50}，低剂量组应不表现出毒性，分别取 1/4 LD_{50}和 1/8 LD_{50}作为中、低剂量。对于在低或无毒剂量下具有特异生物学活性的物质(如激素和丝裂源)可以抑制骨髓细胞有丝分裂指数(50%以上)为指标确定最高剂量，按等比级数 2 向下设置中、低剂量组。急性毒性试验给予受试物最大剂量(最大使用浓度和最大灌胃容量)动物无死亡而求不出 LD_{50}，并且根据结构相关物质资料不能推断受试物具有遗传毒性时，则不必设 3 个剂量。按以下顺序只设一个剂量：

a) 10 g/kg 体重；

b) 人的可能摄入量的 100 倍；

c) 一次最大灌胃剂量，连续染毒 14 d。另设溶媒对照组和阳性对照组，如果没有文献资料或历史性资料证实所用溶媒不具有有害作用或致突变作用，还应设空白对照组。阳性对照物可用丝裂霉素 C (1.5 mg/kg 体重～2.0 mg/kg 体重)或环磷酰胺(40 mg/kg 体重)经口或腹腔注射给予。

5.4 试验步骤

5.4.1 给予受试物方式

经口给予受试物，受试物溶液一次灌胃量不应超过 20 mL/kg 体重。采用一次染毒或多次染毒方式。一次染毒应分两次采集标本，即每组动物分两个亚组，亚组 1 于染毒后 12 h～18 h 处死动物采集第一次标本，亚组 2 于亚组 1 动物处死后 24 h 采集第二次标本。如果采用多次染毒方式，可给予受试物 2 次～4 次，每次间隔 24 h，在末次染毒后 12 h～18 h 采集一次标本。处死动物前 3 h～5 h，按 4 mg/kg 体重腹腔注射秋水仙素。

5.4.2 取材

颈椎脱臼法处死动物，迅速取出股骨，剔去肌肉，擦净血污，剪去两端骨骺，用带针头的注射器吸取 5 mL 生理盐水，插入骨髓腔，将骨髓洗入 10 mL 离心管，然后用吸管吹打骨髓团块使其均匀，将细胞悬液以 1 000 r/min 离心 10 min，弃去上清液。

5.4.3 低渗

离心后的沉淀物加入 7 mL 0.075 mol/L 氯化钾溶液，用滴管将细胞轻轻吹打均匀，放入 37 ℃水浴中低渗 10 min～20 min。

5.4.4 预固定

立即加入 1 mL～2 mL 固定液(甲醇：冰醋酸＝3：1)，以 1 000 r/min 离心 10 min，弃去上清液。

5.4.5 固定

加入 7 mL 固定液，混匀，固定 15 min 后，以 1 000 r/min 离心 10 min，弃去上清液，用同法再加固定液 1 次～2 次，弃去上清液。

5.4.6 滴片

加入数滴新鲜固定液，用滴管充分混匀。将细胞悬液均匀的滴于冰水玻片上，轻吹细胞悬液扩散平铺于玻片上。每个标本制 2 张～3 张玻片,空气中自然干燥。

5.4.7 染色

用 Giemsa 染液染色 15 min,去离子水冲洗,空气中自然干燥。

5.4.8 阅片

在低倍镜下检查制片质量,制片应为全部染色体较集中,而各个染色体分散、互不重叠、长短收缩适中、两条单体分开、清楚地显示出着丝点位置、染色体呈红紫色。用油镜进行细胞中期染色体分析,每只动物分析 100 个中期相细胞,每个剂量组不少于 1 000 个中期分裂相细胞。在读片时应记录每个观察细胞的染色体数目,对于畸变细胞还应记录显微镜视野的坐标位置及畸变类型。由于低渗等机械作用的破坏,会导致处于中期的染色体发生丢失,所以,观察的中期相染色体数目应控制在 $2n\pm2$ 内。

5.5 观察指标

5.5.1 染色体数目的改变

5.5.1.1 非整倍体:亚二倍体或超二倍体。

5.5.1.2 多倍体:染色体成倍增加。

5.5.1.3 核内复制:核膜内的特殊形式的多倍化现象。

5.5.2 染色体结构的改变

5.5.2.1 断裂:损伤长度大于染色体的宽度。

5.5.2.2 微小体:较断片小而呈圆形。

5.5.2.3 有着丝点环:带有着丝点部分,两端形成环状结构并伴有一双无着丝点断片。

5.5.2.4 无着丝点环:成环状结构。

5.5.2.5 单体互换:形成三辐体、四辐体或多种形状的图像。

5.5.2.6 双微小体:成对的染色质小体。

5.5.2.7 裂隙:损伤的长度小于染色单体的宽度。

5.5.2.8 非特定性型变化:如粉碎化、着丝点细长化、黏着等。

6 数据处理和结果评价

6.1 数据处理

每只实验动物作为一个观察单位,每组动物按性别分别计算染色体结构畸变细胞百分率。若雌、雄动物之间无明显的性别差异,可合并计算结果。可用 χ^2 检验方法进行统计学分析。裂隙应单独记录和报告,但一般不计入总的畸变率。

6.2 结果评价

结果评价时应从生物学意义和统计学意义两个方面进行分析。剂量组染色体畸变率与阴性对照组相比,具有统计学意义,并呈剂量-反应关系或一个剂量组出现染色体畸变细胞数明显增高并具有统计学意义,并经重复试验证实,即可确认为阳性结果。若有统计学意义,但无剂量-反应关系时,则应进行重复试验。结果能重复者可确定为阳性。

7 试验报告

7.1 试验名称、试验单位名称和联系方式、报告编号。

7.2 试验委托单位名称和联系方式、样品受理日期。

7.3 试验开始和结束日期、试验项目负责人、试验单位技术负责人或授权签字人、签发日期。

7.4 试验摘要。

7.5 受试物:名称、批号、剂型、性状(包括感官、性状、包装完整性、标识)、数量、前处理方法、溶媒。

7.6 实验动物:物种、品系、级别、数量、体重、性别、来源(供应商名称、实验动物生产许可证号),动物检疫、适应情况,饲养环境(温度、相对湿度、实验动物设施使用许可证号),饲料来源(供应商名称、实验动物饲料生产许可证号)。

7.7 试验方法:分组、每组动物数、剂量选择依据、受试物给予途径及期限、观察指标、统计学方法。

7.8 试验结果:以文字描述和表格逐项进行汇总,包括观察和分析的细胞数、染色体畸变类型和数量及畸变率,给出数据的统计处理结果。

7.9 试验结论:给出明确结论。

8 试验的解释

阳性结果表明受试物具有引起受试动物骨髓细胞染色体畸变的作用。

阴性结果表明在本试验条件下受试物不引起受试动物骨髓细胞染色体畸变。

中华人民共和国国家标准

GB 15193.8—2014

食品安全国家标准
小鼠精原细胞或精母细胞染色体畸变试验

2014-12-24 发布　　　　2015-05-01 实施

中华人民共和国
国家卫生和计划生育委员会　发布

前　言

本标准代替 GB 15193.8—2003《小鼠睾丸染色体畸变试验》。

本标准与 GB 15193.8—2003 相比，主要变化如下：

——标准名称修改为“食品安全国家标准　小鼠精原细胞或精母细胞染色体畸变试验”；

——修改了范围；

——修改了术语和定义；

——修改了试验和目的原理；

——修改了实验动物要求；

——修改了试验步骤和观察指标；

——增加了试验报告内容要求。

食品安全国家标准
小鼠精原细胞或精母细胞染色体畸变试验

1 范围

本标准规定了小鼠精原细胞或精母细胞染色体畸变试验的基本试验方法和技术要求。

本标准适用于评价受试物对小鼠生殖细胞染色体的损伤，根据具体情况选择精原细胞或精母细胞作为靶细胞。

2 术语和定义

2.1 精原细胞

雄性哺乳动物曲细精管上皮中能经过多次有丝分裂增殖并经减数分裂产生精母细胞的干细胞，为原始的雄性生殖细胞。具有体细胞相同的染色体数目。

2.2 精母细胞

精原细胞经减数分裂产生的能最终分化成成熟精子的细胞，分为初级精母细胞和次级精母细胞。次级精母细胞染色体数减半成 $1n$。

2.3 染色体结构畸变

在细胞有丝分裂中期，通过显微镜可以直接观察到的染色体结构变化。结构畸变可分为染色体型畸变和染色单体型畸变。

2.4 染色体型畸变

染色体结构损伤，表现为在两个染色单体的相同部位均出现断裂或断裂重接。

2.5 染色单体型畸变

染色体结构损伤，表现为染色单体断裂或断裂重接。

2.6 染色体数目畸变

染色体数目发生改变，不同于正常二倍体核型，包括整倍体和非整倍体。

3 试验目的和原理

经口给予实验动物受试样品，一定时间后处死动物。观察睾丸精原细胞或精母细胞染色体畸变情况，以评价受试样品对雄性生殖细胞的致突变性。

动物处死前，用细胞分裂中期阻断剂处理，处死后取出两侧睾丸，经低渗、固定、软化及染色后制备精原细胞或精母细胞染色体标本，在显微镜下观察中期分裂相细胞，分析精原细胞或精母细胞染色体畸变。

4 仪器和试剂

4.1 实验室常用设备

实验室常用解剖器械、电子天平、冰箱、离心机等。

4.2 试剂

4.2.1 0.1%秋水仙素

置于棕色瓶中，冰箱保存。

4.2.2 1%柠檬酸三钠

取 1 g 柠檬酸三钠(分析纯)，加蒸馏水至 100 mL。

4.2.3 60%冰乙酸

取 60 mL 冰乙酸(分析纯)，加蒸馏水至 100 mL。

4.2.4 固定液

甲醇：冰乙酸＝3：1，现用现配。

4.2.5 磷酸盐缓冲液(pH 7.4)

磷酸氢二钠溶液(1/15 mol/L)：磷酸氢二钠(Na_2HPO_4，分析纯)9.47 g 溶于 1 000 mL 蒸馏水中。

磷酸二氢钾溶液(1/15 mol/L)：磷酸二氢钾(KH_2PO_4，分析纯)9.07 g 溶于 1 000 mL 蒸馏水中。

取磷酸氢二钠溶液(1/15 mol/L) 80 mL 与磷酸二氢钾溶液(1/15 mol/L)20 mL 混合，调 pH 至 7.4。

4.2.6 Giemsa 染液

称取 Giemsa 染液 3.8 g，加入 375 mL 甲醇(分析纯)研磨，待完全溶解后再加入 125 mL 甘油。置 37 ℃恒温箱保温 48 h 振摇数次。过滤两周后用。

4.2.7 Giemsa 应用液

取 1 份 Giemsa 染液与 9 份磷酸盐缓冲液混合而成，现用现配。

5 试验方法

5.1 实验动物

5.1.1 动物选择

实验动物的选择应符合 GB 14922.1 和 GB 14922.2 的有关规定。健康成年雄性小鼠，周龄为 7 周～12 周，试验开始时动物体重的差异不应超过平均体重的±20%。动物应随机分组，每组至少包括 5 只可用于分析的动物。如试验设有几个采样的时间点，则要求每个采样时间点都至少有 5 只能用于分析的动物。

5.1.2 动物准备

试验前动物在实验动物房至少应进行 3 d～5 d 环境适应和检疫观察。

5.1.3 动物饲养

实验动物饲养条件应符合 GB 14925、饮用水应符合 GB 5749、饲料应符合 GB 14924 的有关规定。

5.2 受试物配制

应将受试物溶解或悬浮于合适的溶媒中。首选溶媒为水，不溶于水的受试物可使用植物油(如玉米油等)，不溶于水或油的受试物可使用羧甲基纤维素、淀粉等配成混悬液或糊状物。受试物应现用现配，有资料表明其溶液或混悬液储存稳定者除外。

5.3 剂量

5.3.1 对照组

每次试验均应设置相应的阴性(溶媒)和阳性对照，阴性对照组除不使用受试样品外，其他处理与受试物组一致。

阳性对照组应在精原细胞和精母细胞观察到高于背景的染色体畸变的增加。阳性对照组的染毒途径可不同于受试物的给予途径，可仅在一个时间点采样。常用的阳性对照物有环磷酰胺(40 mg/kg 体重，单次腹腔注射)或丝裂霉素 C(1.5 mg/kg 体重～2 mg/kg 体重，单次腹腔注射)。

5.3.2 剂量及分组

受试物应设 3 个剂量组，最高剂量组原则上为动物出现中毒表现和(或)个别动物出现死亡的剂量，一般可取急性经口毒性 LD_{50} 的 50%作为高剂量，按等比级数 2～4 向下设置中、低剂量，低剂量组不应表现出毒性。急性经口毒性试验无法得出 LD_{50} 时，高剂量组则按以下顺序：

a) 10 g/kg 体重；
b) 人的可能摄入量的 100 倍；
c) 一次最大灌胃剂量进行设计，再下设中、低剂量组。

5.4 试验步骤和观察指标

5.4.1 实验动物的处理

5.4.1.1 精原细胞

经口灌胃给予受试物，一般为一次给予受试物。受试样品溶液一次给予的最大容量不应超过 20 mL/kg 体重。如果给予的剂量较大，也可在 1 d 内分两次给予受试物，其间隔时间最好为 4 h～6 h。高剂量组应于末次给予受试物后的第 24 小时和第 48 小时处死动物采样，中低剂量组的动物均在末次给予受试物后 24 h 处死动物采样。

5.4.1.2 精母细胞

灌胃给予受试物，每天一次，连续 5 d。受试样品溶液一次给予的最大容量不应超过 20 mL/kg 体重。各组均于第一次给予受试物后的第 12 天～第 14 天将动物处死采样。

5.4.2 秋水仙素的使用

动物处死前 3 h～5 h 腹腔注射秋水仙素 4 mg/kg 体重～6 mg/kg 体重(注射体积：10 mL/kg 体重～

20 mL/kg 体重)。秋水仙素宜当天现用现配。

5.4.3 标本制备

5.4.3.1 取材

用颈椎脱臼法处死小鼠,打开腹腔,取出两侧睾丸,去净脂肪,于低渗液中洗去毛和血污,放入盛有适量1%柠檬酸三钠或0.4%氯化钾溶液的小平皿中。

5.4.3.2 低渗

5.4.3.2.1 精原细胞

以眼科镊撕开被膜,轻轻地分离曲细精管,加入1%柠檬酸三钠溶液10 mL,用滴管吹打曲细精管,静止2 min,使曲细精管下沉,将含有许多精子的上清液仔细吸去。留下的曲细精管重新用10 mL 1%柠檬酸三钠处理10 min。

5.4.3.2.2 精母细胞

以眼科镊撕开被膜,轻轻地分离曲细精管,加入1%柠檬酸三钠溶液10 mL,用滴管吹打曲细精管,室温下静止20 min。

5.4.3.3 固定

仔细吸尽上清液,加固定液10 mL固定。第一次不超过15 min,倒掉固定液后,再加入新的固定液固定20 min以上。如在冰箱(0 ℃~4 ℃)过夜固定更好。

5.4.3.4 离心

吸尽固定液,加60%冰乙酸1 mL~2 mL,待大部分曲细精管软化完后,立即加入倍量的固定液,打匀、移入离心管,以1 000 r/min离心10 min。

5.4.3.5 滴片

弃去大部分上清液,留下约0.5 mL~1.0 mL,充分打匀制成细胞混悬液,将细胞混悬液均匀地滴于冰水玻片上。每个样本制得2张~3张。空气干燥或微热烘干。

5.4.3.6 染色

用1∶10 Giemsa应用液染色10 min(根据室温染色时间不同),用蒸馏水冲洗、晾干。

5.5 阅片

5.5.1 编号

所有玻片,包括阳性对照和阴性对照,在镜检前均要分别编号。

5.5.2 镜检

在低倍镜下按顺序寻找背景清晰、分散良好、染色体收缩适中的中期分裂相,然后在油镜下进行分析。

5.5.3 染色体分析

注:每个动物至少记数100个中期分裂相细胞,每个剂量组至少观察500个中期分裂相。当观察到的畸变细胞数

量较多时，可以减少观察的细胞数。由于固定方法常导致染色体的丢失，所以计数的精原细胞应含染色体数为 $2n \pm 2$ 的中期分裂相细胞，计数的精母细胞应含染色体数为 $1n \pm 1$ 的中期相细胞。

5.5.3.1 精原细胞

5.5.3.1.1 确定有丝分裂指数

每只动物至少要观察 1 000 个细胞以确定精原细胞有丝分裂指数。高剂量组精原细胞有丝分裂指数应不低于对照组的 50%。

5.5.3.1.2 染色体数目改变

正常精原细胞中期分裂相中常见到多倍体，因此阐明多倍体的意义时应慎重。

5.5.3.1.3 染色体结构畸变

染色体的结构畸变中，包括断裂、断片、微小体、无着丝点环、环状染色体、双或多着丝点染色体、单体互换等。

5.5.3.2 精母细胞

除了可见到裂隙、断片、微小体外，还要分析相互易位、X-Y 和常染色体的单价体。

6 数据处理和结果评价

6.1 数据处理

对每个动物记录含染色体结构畸变的细胞数和每个细胞的染色体畸变数，并列表给出各组不同类型的染色体结构畸变数目和频率。试验组与阴性对照组的断片、易位、畸变细胞率、常染色体单价体、性染色体单价体等分别按二项分布进行统计处理，染色体裂隙、单价体应分别记录和报告，一般不计入畸变率。

6.2 结果评价

受试剂量组染色体畸变率或畸变细胞率与阴性对照组相比，差别有统计学意义，并有明显的剂量-反应关系，结果可定为阳性。在一个受试剂量组中出现染色体畸变率或畸变细胞率差异有统计学意义，但无剂量-反应关系，则需进行重复试验，结果可重复者定为阳性。

7 试验报告

7.1 试验名称、试验单位名称和联系方式、报告编号。

7.2 试验委托单位名称和联系方式、样品受理日期。

7.3 试验开始和结束日期、试验项目负责人、试验单位技术负责人、签发日期。

7.4 试验摘要。

7.5 受试物名称、有效成分及其 CAS 号(如已知)、代码(如有)、纯度(或含量)、剂型、生产日期(批号)、外观性状、配制所用溶媒和方法。

7.6 实验动物物种、品系、级别、数量、体重、性别、来源(供应商名称、实验动物质量合格证号、实验动物生产许可证号)，检疫、适应情况，饲养环境(温度、相对湿度、实验动物设施使用许可证号)，饲料来源(供应商名称、实验动物饲料生产许可证号)。

7.7 试验条件和方法，剂量分组、剂量选择依据、受试物给予途径和方式、受试物配制过程、采样时间点、中期阻断剂的名称、浓度及处理时间、简述标本制备方法、每只动物观察的细胞数、统计方法和判定标准。

7.8 试验结果：每只动物细胞染色体的畸变类型和畸变细胞数，每组动物细胞染色体畸变类型和数量及有畸变的细胞数、剂量反应关系、阴性对照的历史资料及范围。以列表方式报告受试物组、阴性对照组和阳性对照组的染色体畸变类型、数量和畸变细胞率，并写明结果的统计方法。

7.9 试验结论：根据试验结果，对受试物是否有致突变作用，做出结论。

中华人民共和国国家标准

GB 15193.9—2014

食品安全国家标准
啮齿类动物显性致死试验

2014-12-24 发布　　　　2015-05-01 实施

中华人民共和国
国家卫生和计划生育委员会　发布

前　言

本标准代替 GB 15193.9—2003《显性致死试验》。

本标准与 GB 15193.9—2003 相比，主要变化如下：

——标准名称修改为“食品安全国家标准　啮齿类动物显性致死试验”；

——增加了术语和定义；

——修改了试验目的和原理；

——修改了试验方法；

——修改了数据处理；

——增加了试验报告；

——增加了试验的解释。

食品安全国家标准
啮齿类动物显性致死试验

1 范围

本标准规定了啮齿类动物显性致死试验的基本试验方法和技术要求。

本标准适用于评价受试物的致突变作用。

2 术语和定义

2.1 显性致死突变

发生于生殖细胞的一种染色体畸变,这种遗传上的结构或数目改变并不引起生殖细胞(精子或卵子)的机能障碍,而是直接造成受精卵或发育期胚胎的死亡。

3 试验目的和原理

显性致死试验是检测受试物诱发哺乳动物生殖细胞遗传毒性的试验方法,其观察终点为显性致死突变。致突变物可引起哺乳动物生殖细胞染色体畸变,以致不能与异性生殖细胞结合或导致受精卵在着床前死亡,或导致胚胎早期死亡。一般以受试物处理雄性啮齿类动物,然后与雌性动物交配,按照顺次的周期对不同发育阶段的生殖细胞进行检测,经过适当时间后,处死雌性动物检查子宫内容物,确定着床数、活胚胎数和死亡胚胎数。如果处理组死亡胚胎数增加或活胚胎数减少,与对照组比较有统计学意义,并呈剂量-反应关系或试验结果能够重复者,则可认为该受试物为哺乳动物生殖细胞的致突变物。

4 试验方法

4.1 受试物

4.1.1 受试物的配制:受试物应溶解或悬浮于合适的溶媒中,溶媒应为无毒物质,不与受试物发生化学反应。首选溶媒为水,脂溶性的受试物可使用食用植物油(如橄榄油、玉米油等),不溶于水或油的受试物可使用羧甲基纤维素、淀粉等配成混悬液,不能配制成混悬液时,还可配制成如糊状物的其他形式。一般情况下受试物应现用现配,有资料表明其溶液或混悬液储存稳定者除外。

4.1.2 给予途径:应采用灌胃法,或用喂饲法,小鼠常用灌胃体积为 10 mL/kg 体重～20 mL/kg 体重,大鼠常用灌胃体积为 10 mL/kg 体重。阳性对照物也可采用腹腔注射的方法,注射体积为 10 mL/kg 体重～20 mL/kg 体重。

4.1.3 给予受试物的方式:一般采用每天 1 次、连续 5 d 的给予方式。如果认为其他方式合理的也可采用,如一次性或连续 3 个月给予受试物。

4.2 实验动物

4.2.1 动物品系与级别:动物品系应选择显性致死本底值低、受孕率高且着床数多、经生殖能力预试受孕率在 70%以上者,推荐使用小鼠或大鼠。实验动物应符合 GB 14922.1 和 GB 14922.2 的有关规定且有质量合格证,健康的雄性成年小鼠(性成熟,6 周龄～8 周龄,或体重 30 g 以上),或大鼠(性成熟,8 周龄～10 周龄,或体重 200 g 以上)。交配用的成年雌鼠,应该是未曾有过交配和生育史者,不同交配周期的雌鼠周龄、体重应相近似。

4.2.2 动物数量:应使用适当数目的雄性动物,雄鼠的数目应足以使每个交配周期每组产生 30 只～50 只受孕雌鼠。每组雄鼠应不少于 15 只。

4.2.3 动物饲养:实验动物饲养条件应符合 GB 14925、饮用水应符合 GB 5749、饲料应符合 GB 14924 的有关规定。

4.3 剂量

试验至少设 3 个受试物剂量组,高剂量组应能引起动物出现某些毒性体征,如生育力轻度下降,高剂量组受试物剂量可在 1/10 LD_{50}～1/3 LD_{50}之间。急性毒性试验给予受试物最大耐受剂量(最大使用浓度和最大灌胃容量)求不出 LD_{50}时,则以 10 g/kg 体重、或人体可能摄入量的 100 倍、或受试物最大给予剂量为最高剂量,然后在此剂量下再设 2 个剂量组。一般应同时做阳性和阴性(溶媒)对照组,如果同一实验室最近 12 个月内阳性对照组已获得阳性结果,且实验室环境条件和动物品系没有变化,则可不再设阳性对照组。阳性对照物常选用环磷酰胺(cyclophosphamide),30 mg/kg 体重～40 mg/kg 体重,腹腔注射,每天 1 次,连续 5 d;其他还可选用三亚乙基密胺(triethylenemelamine)、甲基磺酸乙酯(ethyl methanesulfonate)、甲基磺酸甲酯(methyl methanesulfonate)等。

4.4 试验步骤和观察指标

4.4.1 交配:给予雄鼠受试物后次日(一次染毒法),或末次给予雄鼠受试物后次日(多次染毒法),雄鼠与雌鼠按 1∶1 或 1∶2 比例同笼交配 5 d 后,或根据阴道精子、阴栓检查确定交配成功后,取出雌鼠另行饲养。间隔 2 d 后,雄鼠以同样比例再与另一批雌鼠同笼交配,小鼠如此进行 5 批～6 批,大鼠 8 批～10 批。

4.4.2 胚胎检查:以雄鼠与雌鼠同笼日期算起第 15 天～第 17 天,处死雌鼠后,剖腹取出子宫,检查并记录每一雌鼠的活胚胎数、早期死亡胚胎数与晚期死亡胚胎数。

胚胎存活或死亡的鉴别方法如下:

——活胎:完整成形,色鲜红,有自然运动,机械刺激后有运动反应。

——早期死亡胚胎:胚胎形体较小,外形不完整,胎盘较小或不明显。最早期死亡胚胎会在子宫内膜上隆起一小瘤。如已完全被吸收,仅在子宫内膜上留一隆起暗褐色点状物。

——晚期死亡胚胎:成形,色泽暗淡,无自然运动,机械刺激后无运动反应。

5 数据处理和结果评价

5.1 数据处理

5.1.1 统计分析方法

显性致死试验的检查结果,以试验组为单位分别计算每个交配周期的下列指标。按试验组与对照组动物的各项指标分别采用适当的统计分析方法,如 χ^2 检验、单因素方差分析或秩和检验等,以评定受试物的致突变性。受孕率可用 χ^2 检验,平均着床数、平均死亡胚胎数可用单因素方差分析或秩和检验法,胚胎死亡率经反正弦转换后用单因素方差分析或秩和检验。

5.1.2 生育能力指标

生育能力指标按式(1)～式(3)计算:

受孕率＝受孕雌鼠数/交配雌鼠数×100％ …………………（1）

总着床数＝活胚胎数＋早期死亡胚胎数＋晚期死亡胚胎数 …………（2）

平均着床数＝总着床数/受孕雌鼠数 …………………（3）

5.1.3 显性致死指标

显性致死指标按式(4)～式(6)计算：

死亡胚胎数＝早期死亡胚胎数＋晚期死亡胚胎数 …………………（4）

胚胎死亡率＝死亡胚胎数/总着床数×100％ …………………（5）

平均死亡胚胎数＝死亡胚胎数/受孕雌鼠数 …………………（6）

5.2 结果评价

主要依据显性致死指标的结果进行判定：

a) 试验组与对照组相比较，胚胎死亡率(％)和(或)平均死亡胚胎数明显高于对照组，有统计学意义并有剂量-反应关系时，即可确认为阳性结果。

b) 若统计学上差异有显著性，但无剂量反应关系时，则应进行重复试验，结果能重复者可确定为阳性。与此同时，应在综合考虑生物学意义和统计学意义的基础上做出最终评价。

6 试验报告

6.1 试验名称、试验单位名称和联系方式、报告编号。

6.2 试验委托单位名称和联系方式、样品受理日期。

6.3 试验开始和结束日期、试验项目负责人、试验单位技术负责人、签发日期。

6.4 试验摘要。

6.5 受试物：名称、批号、剂型、状态(包括感官、性状、包装完整性、标识)、数量、前处理方法、溶媒。

6.6 实验动物：物种、品系、级别、数量、年龄或体重、性别、来源(供应商名称、实验动物生产许可证号)、动物检疫、适应情况，实验动物饲养环境(温度、相对湿度、实验动物使用许可证号)，饲料来源(供应商名称、实验动物饲料生产许可证号)。

6.7 试验方法：试验分组、每组动物数、阳性和阴性(溶媒)对照组，选择剂量的原则或依据、剂量、受试物给予途径及期限，试验周期、交配程序、确定是否交配成功的方法、动物处死时间、观察指标、统计学方法。

6.8 试验结果：以文字描述和表格逐项进行汇总，包括中毒体征、妊娠情况、着床数、活胚胎数、死亡胚胎数及相关指标(胚胎死亡率、平均死亡胚胎数)，给出结果的统计处理方法。

6.9 试验结论：根据观察到的效应和产生效应的剂量水平评价是否具有显性致死作用。

7 试验的解释

显性致死是染色体结构畸变或染色体数目异常的结果，但也不能排除基因突变和毒性作用。因此，显性致死试验结果阳性表明受试物对该物种动物的生殖细胞可能具有遗传毒性；显性致死试验结果阴性表明在本试验条件下受试物对该种属动物的生殖细胞可能没有遗传毒性。

中华人民共和国国家标准

GB 15193.10—2014

食品安全国家标准
体外哺乳类细胞 DNA 损伤修复（非程序性 DNA 合成）试验

2014-12-24 发布　　　　2015-05-01 实施

中华人民共和国
国家卫生和计划生育委员会　发布

前　言

本标准代替 GB 15193.10—2003《非程序性 DNA 合成试验》。

本标准与 GB 15193.10—2003 相比，主要变化如下：

——标准名称修改为“食品安全国家标准　体外哺乳类细胞 DNA 损伤修复（非程序性 DNA 合成）试验”；

——修改了试验目的和原理；

——修改了试验方法；

——修改了数据处理；

——修改了结果评价。

食品安全国家标准

体外哺乳类细胞 DNA 损伤修复（非程序性 DNA 合成）试验

1 范围

本标准规定了体外哺乳类细胞 DNA 损伤修复（非程序性 DNA 合成）试验的基本试验方法和技术要求。

本标准适用于评价受试物的诱变性和（或）致癌性。

2 术语和定义

2.1 非程序性 DNA 合成

当 DNA 受损伤时，损伤修复的 DNA 合成主要在 S 期以外的其他细胞周期，称非程序性 DNA 合成。

3 试验目的和原理

在正常情况下，DNA 合成仅在细胞有丝分裂周期的 S 期进行。当化学或物理因素诱发 DNA 损伤后，细胞启动非程序性 DNA 合成程序以修复损伤的 DNA 区域。在非 S 期分离培养的原代哺乳动物细胞或连续细胞系中，加入 ^{3}H-胸腺嘧啶核苷（^{3}H-TDR），通过 DNA 放射自显影技术或液体闪烁计数（LSC）法检测染毒细胞中 ^{3}H-TDR 掺入 DNA 的量，可说明受损 DNA 的修复合成的程度。

在体外培养细胞中，用缺乏半必需氨基酸精氨酸的培养基（ADM）进行同步培养，DNA 合成的始动受阻，使细胞同步于 G1 期；并用药物（常用羟基脲）抑制残留的半保留 DNA 复制后，通过 ^{3}H-TDR 掺入可显示非程序性 DNA 合成（UDS）。

4 试剂和材料

4.1 试剂

注：全部试剂除注明外，均为分析纯，试验用水为双蒸水或超纯水。

4.1.1 细胞增殖用培养基

Eagle 氏最低要求培养基（Eagle's Minimal Essential Medium，EMEM），加入 10% 小牛血清、青霉素、链霉素贮存液，使青霉素的最终浓度为 100 单位，链霉素的最终浓度为 100 μg/mL。EMEM 培养基可选用各种商品供应之粉末培养基按生产厂商提供资料配制并除菌。4 ℃冰箱贮存。

4.1.2 细胞同步用培养基

不含精氨酸之 EMEM 培养基（ADM），加入小牛血清、青霉素、链霉素浓度同细胞增殖用培养基。

4.1.3 Hanks 平衡盐溶液(HBSS)

4.1.3.1 贮液 A:将氯化钠 160 g,氯化钾 8 g,硫酸镁($MgSO_4 \cdot 7H_2O$)2 g 及氯化镁($MgCl_2 \cdot 6H_2O$)2 g 溶于 800 mL 双蒸水(50 ℃~60 ℃)中。另取无水氯化钙 2.8 g 溶于 100 mL 双蒸水中。将上述两溶液混合后,加水定容至 1 000 mL,加入三氯甲烷 2 mL,保存于 4 ℃冰箱中。

4.1.3.2 贮液 B:将磷酸氢二钠($Na_2HPO_4 \cdot 12H_2O$)3.04 g(或 $Na_2HPO_4 \cdot 2H_2O$ 1.2 g)、磷酸二氢钾($KH_2PO_4 \cdot 2H_2O$)1.2 g(或 KH_2PO_4 0.95 g)、葡萄糖 20 g 溶解于 800 mL 双蒸水中,加入 100 mL 0.4% 酚红溶液[取酚红 1 g,溶于 3 mL 氢氧化钠(1 mol/L)中],待完全溶解后,加入双蒸水中至 250 mL,加水定容至 1 000 mL,加入三氯甲烷 2 mL,保存于 4 ℃冰箱中。

4.1.3.3 贮液 C:1.4%碳酸氢钠以双蒸水配制。

4.1.3.4 应用液的配制:取 A 液 1 份,B 液 1 份,水 18 份,混合后分装于玻璃容器内;高压灭菌,4 ℃冰箱保存。用前加入 C 液,将 pH 调整至 7.2~7.4。

4.1.4 无钙、镁的 Dulbecco 氏磷酸缓冲液

pH7.4,取氯化钠 8.00 g、磷酸二氢钾(KH_2PO_4)0.20 g、氯化钾 0.20 g、磷酸氢二钠($Na_2HPO_4 \cdot 12H_2O$)2.89 g 溶解并定容至 1 000 mL 双蒸水中。

4.1.5 0.02%乙二胺四乙酰二钠或四钠(EDTA)溶液

取 EDTA 0.2 g 溶于无钙、镁的磷酸缓冲液中,定容至 1 000 mL。高压灭菌后使用。

4.1.6 抗菌素贮存液

取临床注射用青霉素 G 100 万单位及链霉素 1 g 粉剂,在无菌操作下溶于 100 mL 之灭菌蒸馏水中,使青霉素的浓度为 1 万单位,链霉素的浓度为 10 000 μg/mL,使用时每 100 mL 培养基中加入抗菌素贮存液 1 mL。

4.1.7 大鼠肝微粒体 S-9 组分的制备

S-9 混合液可按以下方式配制:将磷酸氢二钠($Na_2HPO_4 \cdot 12H_2O$)86.8 mg、磷酸二氢钾 7.0 mg、氯化镁($MgCl_2 \cdot 6H_2O$)8.1 mg、6-磷酸葡萄糖(G-6-P) 5.4 mg、辅酶Ⅱ(CoⅡ)(纯度 90%)4 mg 溶于 ADM 中,加入 *N*-2-羟乙基哌嗪-*N*-2-乙磺酸(HEPES)溶液(1 mol/L)0.2 mL 及大鼠肝 S-9 组分 0.8 mL~4 mL 或 20 mL,并用碳酸氢钠溶液调整 pH 至 7.2~7.4。

4.1.8 显影液及定影液(放射自显影用)

4.1.8.1 Kodak D-170 显影液

贮液:无水亚硫酸钠 25 g、溴化钾 1 g,水加至 200 mL。使用时用水稀释,溶入 2-氨基酚盐酸盐(Amitol)4.5 g,定容至 1 000 mL。

4.1.8.2 Kodak D-196 显影液

水(50 ℃)500 mL,顺次溶入米吐尔(硫酸对甲氨基苯酚)2 g,无水亚硫酸钠 72 g,对苯二酚 8.8 g,无水碳酸钠 48 g,溴化钾 4 g,定容至 1 000 mL。

4.1.8.3 停显液

98%冰乙酸 15 mL,定容至 1 000 mL。

4.1.8.4 Kodak F-5 定影液

水(50 ℃)100 mL,依次溶入海波 240 g,无水亚硫酸钠 15 g,28%乙酸 48 mL,硼酸 7.5 g,钾矾 15 g,定容至 1 000 mL。

4.1.9 高氯酸(0.25 mol/L 及 0.5 mol/L)

70%高氯酸 8.57 mL,加水至 100 mL,浓度为 1 mol/L。

4.1.10 闪烁液

称取 2,5-二苯基噁唑(PPO) 5 g、1,4-双-[5-苯基噁唑基-2]-苯(POPOP) 300 mg 溶于甲苯中,定容至 1 000 mL。

4.2 材料

推荐使用一次性细胞培养用器皿及微孔滤膜,普通试验器材使用前应按细胞培养技术要求清洗、包扎、消毒灭菌。对不带橡皮塞的玻具及金属用具可用高温灭菌,温度升至 140 ℃后,保持 2 h。橡皮类及带橡皮塞之玻具应用高压灭菌 120 ℃,30 min。溶液除不耐热的应用抽滤除菌外,耐热的可用高压灭菌,一般用 115 ℃,10 min。

5 试验方法

5.1 受试物

受试物在试验时新鲜配制。先将受试物溶于适当溶媒(蒸馏水、二甲亚砜、丙酮等)中,配制成所需浓度,试验时加于培养基中,使溶媒的最终浓度为 1%,不影响细胞活性。

5.2 对照

每次试验均应同时设置加和不加代谢活化系统两种情况下的阳性和阴性(溶媒)对照。

用大鼠肝细胞进行试验时,阳性对照物可用 7,12-二甲基苯并蒽(7,12-DMBA,7,12-dimethylbenzathracene)和 2-乙酰氨基芴(2-AAF,2-acetylaminofluorene)。如果用细胞系,在无代谢活化系统情况下,放射自显影和 LSC 检测均可用 4-硝基喹啉氧化物(4-NQO,4-nitroquinoline oxide)作为阳性对照物;而在有代谢活化系统情况下,则用 *N*-二甲基亚硝胺(*N*-dimethylnitrosamine)作为阳性对照物。

5.3 染毒浓度

受试物最高染毒浓度的选择由预试验获得。选用多个浓度受试物进行预试验,浓度应覆盖确定毒性反应的合适范围。受试物最高染毒浓度应产生一定细胞毒性。相对不溶于水的受试物应以其能达到的最高溶解度进行试验。对于易溶于水的受试物,应根据受试物细胞存活率的范围值确定染毒浓度。

5.4 代谢活化

除非采用肝原代细胞,建株细胞中药物代谢活化酶系的活性一般都很低,因此对一些需经酶代谢活化才显示其 DNA 损伤作用的化学物质,可在试验体系中加入以大鼠肝微粒体酶系及辅助因子组成的体外活化系统(S-9 混合液)。

5.5 细胞培养

5.5.1 细胞的选择

原代培养细胞(如大鼠肝细胞),人淋巴细胞或已建系的细胞(如人羊膜细胞 FL 株、人二倍体成纤维细胞、Hela 细胞)都可用于本试验。人类细胞的 UDS 反应大于啮齿类动物细胞。使用最多的人类细胞为成纤维细胞、外周血淋巴细胞、单核细胞和 Hela 细胞等。

5.5.2 培养条件

选用适当的生长培养基、CO_2 浓度、温度和湿度维持细胞生长。细胞系应定期检查有无支原体污染。

5.5.3 细胞的传代、维持和贮存

生长成单层的细胞,除去培养基。用 Hanks 平衡盐液(HBSS)洗涤后,用 0.02%EDTA 或 0.1%胰酶溶液(于无 Ca^{2+}、Mg^{2+}之磷酸盐缓冲液中)于 37 ℃下处理数分钟使细胞退缩,细胞间隙增加。再用 HBSS 洗涤 1 次,加入适量培养基,反复吹吸,使细胞自玻面上脱下并分散于培养基中。取细胞悬液一滴,加于血球计数池中,计数 4 大格中的细胞数,计算出悬液中之细胞浓度(4 大格的细胞数/4×10^4 即为每毫升所含细胞数)。将细胞悬液生长培养基稀释至 0.5×10^5 个/mL～1×10^5 个/mL。将上述细胞悬液接种于培养瓶中(30 mL 培养瓶可接种 3 mL。100 mL 的培养瓶可接种 10 mL)。每次接种 3 份,长成融合单层后取其中一瓶再按以上方法传代接种 3 瓶。另两瓶在证明传代成功后弃去或供试验所用,这样可保证细胞在试验中延续保持。有条件可按下法将细胞贮存于液氮中。若较长时间不用,不必在实验室中维持。在需要时取出经增殖后供试验所用。将细胞增殖至所需数量后,按上法制成细胞悬液(于生长用培养基中)。细胞浓度为 1×10^6 个/mL～1.5×10^6 个/mL。在冰浴中,逐渐加入为细胞悬液总量 10%的灭菌二甲基亚砜。然后将细胞悬液分装于洁净干燥之灭菌的玻璃容器或细胞冻存专用塑料小管中,每份 1 mL。封口后,置于 4 ℃中 2 h～3 h,然后移至普通冰箱之冰室内 4 h～5 h,再移入 −30 ℃～−20 ℃之低温冰箱内过夜。次日晨将安瓿移入生物用液氮储存器内。需用时,将安瓿或小塑料管锯(打)开,除去含有二甲基亚砜的培养基,加入适量之生长用培养基,并调整细胞浓度至 10×10^4 个/mL～15×10^4 个/mL。分种于细胞培养瓶中,37 ℃培养 1 h 后,换培养基一次,将无活力之细胞除去,待长成融合单层后分传增殖维持于实验室中。

5.6 操作步骤

注:根据实验室情况,可选择通过 DNA 放射自显影显示法或液体闪烁技术显色法(LSC)的方法测定染毒细胞中 ^{3}H-TdR 的掺入量。

5.6.1 UDS 的放射自显影显示法

将细胞增殖至所需数量后,按上述方法制成单细胞悬液。浓度为 0.5×10^5 个/mL～1×10^5 个/mL。将上述细胞悬液接种于置有小盖片(18 mm×6 mm)之培养瓶中,37 ℃培养 1 d～3 d,使细胞在盖片上生长至适当密度。培养瓶接种数目根据受试物的数目、所选剂量级别而定。每一剂量作 2 个～3 个样片,并另备 4 个～6 个样本供溶媒对照和已知致癌物的阳性对照用。细胞在增殖培养后,用同步培养基(ADM 补以 1%小牛血清)作同步培养 3 d～4 d。在试验前一日下午,加入溶于 ADM 之羟基脲(HU)溶液,使 HU 在培养基中之终浓度为 10 mmol/L。继续在 37 ℃下孵育 16 h,然后将上述长有细胞之盖片置于含有不同浓度之受试物、HU[c (HU)=10 mmol/L]及 ^{3}H-胸腺嘧啶核苷(5 μCi/mL～10 μCi/mL,30 Ci/mmol)之同步用培养基中。37 ℃中孵育 5 h。

孵育结束后，用 HBSS 充分洗涤，用 1%柠檬酸钠溶液处理 10 min，随后用乙醇(64-17-5)-冰乙酸(3∶1) 固定(4 ℃)过夜，空气中干燥后，用少量中性树胶，将盖片粘固于载玻片上，长有细胞的一面朝上，45 ℃烘烤 24 h。

在暗室中，将适量之核-4 乳胶移入浸渍用之玻璃器皿中，于 40 ℃水浴中融化，同时取等量之蒸馏水于一量筒中也置于该水浴中加热，待乳胶融化后，将热蒸馏水倾于乳胶液中，继续在水浴中加温，并用玻璃棒轻轻搅拌，等待 10 min～20 min，使气泡逸出。将准备作自显影处理之玻片置于水浴之平台上预热。将玻片垂直浸渍于 1∶1 稀释之乳胶液中约 5 s，徐徐提出玻片，并将玻片背面之乳胶用纱布或擦镜纸拭去，将已涂有乳胶之玻片移入温度为 29 ℃及一定湿度之温箱中(4 h)待乳胶干涸。然后置于内置适量干燥剂(变色硅胶)袋之曝光盒中。曝光盒外包以黑色避光纸及塑料纸，置于 4 ℃冰箱中曝光 10 d。曝光结束后，将玻片移入有机玻璃制成的玻片架上，在液温为 19 ℃之 D-170 或 D-196 显色液中显影 5 min，在停显液中漂洗 2 min，在 F-5 定影液中定影 6 min～10 min，再用水漂洗数小时。

细胞可在乳胶涂片前用地衣红 (2%)冰乙酸溶液或在显影液后用 H.E 或 Giemsa 染液染色。将玻片脱水透明后，用盖片封固。

在油渍镜下，计数各样本细胞核的显影银粒数，同时计数相同面积之本底银粒数，并计算出两者的差值。每张玻片至少计数 50 个细胞核，计算出对照组、各受试物组及阳性对照组的银粒数的均值和标准差等统计量。

为了区分 UDS 和正常的 DNA 半保留复制，可采用精氨酸缺乏的培养基、低血清培养基或在培养基中添加羟基脲的方法来减少和抑制正常的 DNA 半保留复制。

5.6.2 UDS 的液体闪烁技术显色法

将试验用细胞悬于生长用培养基中，细胞浓度为 0.5×10^{5} 个/mL，将细胞接种于液体闪烁计数瓶中，每瓶 1 mL，并加入 14C 胸腺嘧啶核苷终浓度为 0.01 μCi/mL(50 mCi/mmol)。37 ℃中培养 48 h 使细胞增殖并预标记，去培养基并用 HBSS 洗涤后，换以含 14C-胸腺嘧啶核苷(0.01 μCi/mL)之同步用培养基，在 37 ℃中进行同步培养 2 d～4 d，于试验前一天下午去培养基，用 HBSS 充分洗涤后，加入含有羟基脲[c(HU)＝10 mmol/L]之同步用培养基，37 ℃中孵育 16 h，UDS 的诱发同放射显影显示法，细胞在含有 HU 及 ^{3}H-胸腺嘧啶核苷(5 μCi/mL，30 Ci/mmol)之同步用培养基中与不同浓度之受试物接触 5 h，孵育结束后，去培养基及受试物。以冷盐水洗涤 2 次，随后用冰冷的过氯酸[7601-90-3，c ($HClO_4$) ＝0.25 mol/L]溶液处理 2 次，每次 2 min，再用乙醇处理 10 min ，干后以 0.5 mL 过氯酸[c($HClO_4$) ＝0.5 mol/L～1 mol/L]于 75 ℃～80 ℃之恒温箱中水解 40 min。冷却后加入乙二醇乙醚 3.5 mL 及闪烁液(PPO 0.5%、POPOP 0.03%，以甲苯为溶媒)5 mL，振荡均匀，以液体闪烁计数器测定各样本中之 ^{14}C 及 ^{3}H 的放射活性。每组(包括对照组)至少做 6 个培养瓶。

标本中的 ^{3}H 放射活性即反映 UDS 中 ^{3}H-胸腺嘧啶核苷的掺入量；而 ^{14}C 的放射活性反映试验细胞的数目或其 DNA 量，因此 ^{3}H 和 ^{14}C 放射活性之比(^{3}H/^{14}C)即为细胞单位数或单位质量 DNA 中 UDS 水平。若将阴性对照组的 ^{3}H/^{14}C 作为 100% (1.00)，计算出各受试物组与阴性对照组的变化量及受试物组各测试浓度的均值和标准差等统计量。

6 数据处理和结果评价

6.1 数据处理

选用合适的统计方法如“t 检验”，判断各受试物组与溶媒对照组间差异有无统计学意义，对数据进行分析和评价。

6.2 结果评价

受试物组的细胞^{3}H-TdR 掺入数随剂量增加而增加，且与阴性对照组相比有统计学意义，或者至少在一个测试点得到可重复并有统计学意义的掺入量增加，均可判定为该试验阳性。

7 试验报告

7.1 试验名称、试验单位名称和联系方式、报告编号。

7.2 试验委托单位名称和联系方式、样品受理日期。

7.3 试验开始和结束日期、试验项目负责人、试验单位技术负责人、签发日期。

7.4 试验摘要。

7.5 受试物：名称、细胞株、CAS 编号（如已知）、纯度、与本试验有关的受试物的物理和化学性质及稳定性等。

7.6 溶媒：溶媒的选择依据，受试物在溶媒中的溶解性和稳定性。

7.7 细胞株：名称、来源、浓度及培养条件（包括培养基的组成、培养温度、CO_2 浓度和培养时间）。

7.8 试验条件：剂量、代谢活化系统、细胞株、标准诱变剂、操作步骤等。

7.9 试验结果：受试物对细胞株的毒性、是否具有剂量-反应关系、统计结果，同时进行的溶媒对照和阳性对照的均数和标准差。

7.10 结论：本试验条件下受试物是否具有致突变作用。

8 试验的解释

受试物组的细胞^{3}H-TdR 掺入数不随剂量增加而增加，各剂量组与对照组比较均无统计学意义，则认为受试物在该试验系统下不引起 UDS。判定结果时，应综合考虑生物学意义和统计学意义。

中华人民共和国国家标准

GB 15193.11—2015

食品安全国家标准
果蝇伴性隐性致死试验

2015-08-07 发布　　　　2015-10-07 实施

中华人民共和国
国家卫生和计划生育委员会　发布

前　言

本标准代替 GB 15193.11—2003《果蝇伴性隐性致死试验》。

本标准与 GB 15193.11—2003 相比，主要变化如下：

——标准名称修改为“食品安全国家标准　果蝇伴性隐性致死试验”；

——修订了“范围”中受试物的具体内容：本标准适用于评价受试物的遗传毒性作用；

——增加了“术语和定义”、“试验报告”和“结果解释”；

——修订了“原理”中的部分内容。

食品安全国家标准
果蝇伴性隐性致死试验

1 范围

本标准规定了果蝇伴性隐性致死试验的基本技术要求。

本标准适用于评价受试物的遗传毒性作用。

2 术语和定义

2.1 致死突变

基因组中发生的一种改变，当它表达时，引起携带者死亡。

2.2 隐性突变

只在纯合子或半合子条件下被表达的基因组中的一种改变。

2.3 伴性基因

存在于性染色体(X 或 Y)上的基因。在此仅指位于 X 染色体上的基因。

3 试验目的和原理

隐性基因在伴性遗传中具有交叉遗传特征，即雄蝇的 X 染色体传给 F_1 代雌蝇，又通过 F_1 代雌蝇传给 F_2 代雄蝇。位于 X 染色体上的隐性基因在 F_1 代雌蝇为杂合性，不能表达，而能在半合型 F_2 代雄蝇表现出来。据此，利用眼色性状由 X 染色体上的基因决定，并与 X 染色体的遗传相关联的特征来作为观察在 X 染色体上基因突变的标记，故以野生型雄蝇(红色圆眼，正常蝇)染毒，与 Basc(Muller-5)雌蝇(淡杏色棒眼，在两个 X 染色体上各带一个倒位以防止 F_1 代把处理过的父系 X 染色体和母系 X 染色体互换)交配，如雄蝇经受试物处理后，在 X 染色体上的基因发生隐性致死，则可通过上述两点遗传规则于 F_2 代的雄蝇中表现出来，并籍眼色性状为标记来判断试验的结果。即根据孟德尔分类反应产生四种不同表型的 F_2 代，有隐性致死时在 F_2 代中没有红色圆眼的雄蝇。

4 仪器和试剂

4.1 仪器

电热恒温干燥箱、生化培养箱、立体解剖显微镜、放大镜、空调机、麻醉瓶、果蝇培养管、试管盘及架、白瓷板、海绵垫、毛笔、海绵塞。

果蝇饲养用具洗净后于 120 ℃干燥消毒 2 h 后备用。

4.2 试剂

乙醚、75%乙醇、丙酮、吐温。

4.3 培养基的制备

4.3.1 蔗糖 26 g、酵母粉 4 g,加水 150 mL。

4.3.2 玉米粉 34 g、酵母粉 4 g,加水 150 mL。

4.3.3 步骤:先将 4.3.1 所述的培养基成分混合煮沸溶解后,再将 4.3.2 的成分依次倒入混匀、煮沸,最后加丙酸 2 mL,搅匀,分装于果蝇培养管内,备用。

5 试验方法

5.1 受试物

受试物应溶解或悬浮于合适的溶媒中,溶媒应为无毒物,不与受试物发生化学反应。首选溶媒为水,不溶于水的受试物可使用植物油(如橄榄油、玉米油等),不溶于水或油的受试物可使用羧甲基纤维素、淀粉等配成混悬液或糊状物等,然后在给样前用蔗糖水稀释。受试物应新鲜配制,有资料表明其溶液或混悬液储存稳定者除外。

5.2 实验动物

黑腹果蝇。雄蝇用 3 日龄~4 日龄的野生型黑腹果蝇(*Drosophila Melanogaster*),雌蝇用 Basc (Muller-5)品系 3 日龄~5 日龄的处女蝇。观察 2 d~3 d 有无卵或早龄幼虫孵出,以检查是否有非处女蝇混入。

5.3 剂量

按常规方法求出果蝇 LC_{50} 或 LD_{50} 值。然后按 1/2 LC_{50} 或 LD_{50} 为高剂量,1/4 LD_{50} 为中剂量,1/8 LD_{50} 为低剂量,另设阴性(或溶媒)及阳性[2 mmol/L 甲基甲烷磺酸酯(MMS)]对照组。如果受试物毒性较小,受试物加入培养基的最大剂量可占培养基的 5%。阳性对照物可用甲基磺酸乙酯、甲基磺酸甲酯、*N*-亚硝基二甲胺。

5.4 试验步骤和观察指标

5.4.1 接触受试物

受试物接触方法为经口给予。新配制的培养基冷却到 55 ℃时,倒入受试物,快速磁搅拌 2 min,放入经饥饿 4 h 的雄蝇进行喂饲,接触受试物时间 3 d。

5.4.2 交配程序及方法

为检测受试物对哪一期生殖细胞最敏感,将雄蝇在接触受试物后按 2—3—3 d 间隔(分别表示对精子、精细胞和精母细胞的效应)与处女蝇交配。即每一试管以 1 只经处理过的雄蝇按上述程序顺次与 2 只处女蝇交配,再以所产 F_1 代按雌与雄(1∶1 或 1∶2)进行 F_1—F_2 交配。12 d~14 d 后观察 F_2 代,孵育温度为 25 ℃。用乙醚对果蝇施行麻醉后可进行分组及 F_1 代的性别分离。

每一个试验组至少应有 3 000 个样本数。

6 数据处理和结果评价

6.1 数据处理

根据受试染色体数(即 F_1 代交配的雌蝇数减去不育数和废管数)与致死阳性管数求出致死率,按式(1)计算。

$$致死率 = 致死管数 / 受试染色体数 \times 1\,000‰ \quad \cdots\cdots(1)$$

运用适合于试验设计的统计学检验方法对对照组和试验组的致死率进行统计分析。结果评价时应对试验结果的生物学意义和统计学意义同时予以考虑。

6.2 结果评价

受试物诱发的致死率明显增加，与阴性对照组相比有统计学差异，并且有剂量—反应关系时判为阳性；如无剂量—反应关系时，应至少有一时间点的阳性致死可重复并有统计学意义上的增加，也可判为阳性。

7 试验报告

7.1 试验名称、试验单位名称和联系方式、报告编号。

7.2 试验委托单位名称和联系方式、样品受理日期。

7.3 试验开始和结束日期、试验项目负责人、试验单位技术负责人、签发日期。

7.4 试验摘要。

7.5 受试物名称、有效成分 CAS 号(如已知)、代码(如有)、纯度(或含量)、剂型、生产日期(批号)、外观性状、有效期、保存条件、配制所用溶媒和方法以及阴性、阳性对照物的相关信息。

7.6 果蝇品系、昆虫日龄、性别、来源、检疫、孵育温度。

7.7 试验条件和方法、剂量分组、剂量选择依据、染毒途径和方式、受试物配制过程、交配程序和比例、处理的雄性数、不育的雄性数、已建立的 F_2 培养群的数目、没有后代的 F_2 培养群的数目、所测试的染色体数、在每一生殖细胞期检测的带有致死基因的染色体数、统计方法和判定标准。

7.8 试验结果：以列表方式报告受试物组、阴性对照组和阳性对照组的被试验的染色体数、无生育力的雄性果蝇数、致死染色体数、致死率，并写明结果的统计方法。

7.9 试验结论：根据试验结果，对受试物是否能引起果蝇生殖细胞突变做出结论。

8 试验的解释

果蝇伴性隐性致死试验阳性结果表明在该试验条件下受试样品引起果蝇生殖细胞突变；阴性结果表明在该试验条件下受试样品对果蝇生殖细胞属非致突变物。

对 F_2 代结果的判断标准如下：

a) 每一试管在多于 20 个子代中没有红色圆眼的野生型雄蝇为阳性，属致死突变。如有 2 只以上的红色圆眼的野生型雄蝇者为阴性。

b) 每一试管如确少于 20 个子代或只有一只野生型雄蝇的可疑管，需进行 F_3 代的观察。

c) 不育：仅存雄、雌亲本而无仔蝇者。

中华人民共和国国家标准

GB 15193.12—2014

食品安全国家标准
体外哺乳类细胞 HGPRT 基因突变试验

2014-12-24 发布　　　　2015-05-01 实施

中华人民共和国
国家卫生和计划生育委员会　发布

前　言

本标准代替 GB 15193.12—2003《体外哺乳类细胞(V79/HGPRT)基因突变试验》。

本标准与 GB 15193.12—2003 相比，主要变化如下：

——标准名称修改为“食品安全国家标准　体外哺乳类细胞 HGPRT 基因突变试验”；

——增加了术语和定义；

——修改了试验目的和原理；

——增加了不同种类受试物的配制方法；

——增加了参考阳性对照物；

——增加了试验用细胞株。

食品安全国家标准
体外哺乳类细胞 HGPRT 基因突变试验

1 范围

本标准规定了体外哺乳类细胞次黄嘌呤鸟嘌呤磷酸核糖转移酶(HGPRT)基因突变试验的基本试验方法和技术要求。

本标准适用于评价受试物的致突变作用。

2 术语和定义

2.1 HGPRT 基因

哺乳类动物的次黄嘌呤鸟嘌呤磷酸核糖转移酶基因。在人类,HGPRT 基因定位于 X 染色体的长臂,坐标为 Xq26.1;在小鼠也定位于 X 染色体。

2.2 突变频率

在某种细胞系中,某一特定基因突变型的细胞(集落)占细胞(集落)总数的百分率。

3 试验目的和原理

细胞在正常培养条件下,能够产生 HGPRT,在含有 6-硫代鸟嘌呤(6-thioguanine,6-TG)的选择性培养液中,HGPRT 催化产生核苷-5′-单磷酸(NMP),NMP 掺入 DNA 中致细胞死亡。在致癌和(或)致突变物作用下,某些细胞 X 染色体上控制 HGPRT 的结构基因发生突变,不能再产生 HGPRT,从而使突变细胞对 6-TG 具有抗性作用,能够在含有 6-TG 的选择性培养液中存活生长。

在加入和不加入代谢活化系统的条件下,使细胞暴露于受试物一定时间,然后将细胞再传代培养,在含有 6-TG 的选择性培养液中,突变细胞可以继续分裂并形成集落。基于突变集落数,计算突变频率以评价受试物的致突变性。

4 材料和试剂

4.1 细胞

常用中国仓鼠肺细胞株(V79)和中国仓鼠卵巢细胞株(CHO),其他如小鼠淋巴瘤细胞株(L5178Y)和人类淋巴母细胞株(TK6)亦可。细胞在使用前应进行有无支原体污染的检查。

4.2 培养液

应根据试验所用系统和细胞类型来选择适宜的培养基。对于 V79 和 CHO 细胞,常用最低必需培养基(MEM,Eagle)、改良 Eagle 培养基(DMEM)加入 10%胎牛血清和适量抗菌素。对于 TK6 和 L5178Y 细胞,常用 RPMI 1640 培养液,加入 10%马血清(培养瓶培养)或 20%马血清(96 孔板培养)和适量抗菌素(青霉素、链霉素)。

4.3 胰蛋白酶/EDTA溶液

用无钙、镁 PBS 配制，胰酶的浓度为 0.05%，EDTA 的浓度为 0.02%，胰蛋白酶与 EDTA 溶液按 1∶1 混合。−20 ℃储存。

4.4 活化系统

通常使用的是 S9 混合物。S9 的制备方法如下：

选健康雄性成年 SD 或 Wistar 大鼠，体重 150 g～200 g 左右，周龄约 5 周～6 周。将多氯联苯(Aroclor1254)溶于玉米油中，浓度为 200 g/L，按 500 mg/kg 体重无菌操作一次腹腔注射，5 d 后处死动物，处死前禁食 12 h。

也可采用苯巴比妥钠和 β-萘黄酮联合诱导的方法进行制备，经口灌胃给予大鼠苯巴比妥钠和 β-萘黄酮，剂量均为 80 mg/kg，连续 3 d，禁食 16 h 后断头处死动物。其他操作同多氯联苯诱导。

处死动物后取出肝脏，称重后用新鲜冰冷的氯化钾溶液(0.15 mol/L)连续冲洗肝脏数次，以便除去能抑制微粒体酶活性的血红蛋白。每克肝(湿重)加氯化钾溶液(0.1 mol/L)3 mL，连同烧杯移入冰浴中，用无菌剪刀剪碎肝脏，在玻璃匀浆器(低于 4 000 r/min，1 min～2 min)或组织匀浆器(低于 20 000 r/min，1 min)中制成肝匀浆。以上操作需注意无菌和局部冷环境。

将制成的肝匀浆在低温(0 ℃～4 ℃)高速离心机上以 9 000 *g* 离心 10 min，吸出上清液为 S9 组分，分装于无菌冷冻管或安瓿中，每安瓿 2 mL 左右，用液氮或干冰速冻后置−80 ℃低温保存。

S9 组分制成后，经无菌检查，测定蛋白含量(Lowry 法)，每毫升蛋白含量不超过 40 mg 为宜，并经间接致癌物(诱变剂)鉴定其生物活性合格后贮存于深低温或冰冻干燥，保存期不超过 1 年。

S9 的使用浓度为 1%～10%(终浓度)。

4.5 选择剂

6-硫代鸟嘌呤(6-TG)，建议使用终浓度为 5 μg/mL～15 μg/mL，用碳酸氢钠溶液(0.5%)配制。

4.6 预处理培养液(THMG/THG)

为减少细胞的自发突变频率，在试验前，先将细胞加在含 THMG 的培养液中培养 24 h，杀灭自发的突变细胞，然后再将细胞接种于 THG(不含氨甲喋呤的 THMG 培养液)中培养 1 d～3 d 至细胞恢复正常生长周期和形态。

THMG 所含各物质终浓度如下(除培养液成分外)：

——胸苷，5×10^{-6} mol/L；

——次黄嘌呤，5×10^{-5} mol/L；

——氨甲喋呤，4×10^{-7} mol/L；

——甘氨酸，1×10^{-4} mol/L。

5 试验方法

5.1 受试物

5.1.1 受试物的配制

固体受试物应溶解或悬浮于适合的溶媒中，并稀释至适当浓度。液体受试物可直接使用或稀释至适当浓度。受试物应在使用前现用现配，否则就必须证实贮存不影响其稳定性。

5.1.2 溶媒的选择

溶媒必须是非致突变物，不与受试物发生化学反应，不影响细胞存活和 S9 活性。首选溶媒是蒸馏水；对于不溶于水的受试物可选择其他溶媒，首选二甲基亚砜(DMSO)，但使用时浓度不应大于 0.5%。

5.1.3 对照

每一项试验中，在代谢活化系统存在和不存在的条件下均应设阳性和阴性(溶媒)对照组。

5.1.3.1 阳性对照

当使用代谢活化系统时，阳性对照物必须是要求代谢活化、并能引起突变的物质，可以使用 3-甲基胆蒽(3-methylcholanthrene)、*N*-亚硝基二甲胺(*N*-nitroso-dimethylamine)、7,12-二甲基苯并[*a*]蒽(7,12-dimethylbenz [*a*] anthracene)等。在没有代谢活化系统时，阳性对照物可使用甲磺酸乙酯(ethyl methanesulphonate)、乙基亚硝基脲(ethyl nitrosourea)等。也可使用其他适宜的阳性对照物。

5.1.3.2 阴性对照

阴性对照(包括溶媒对照)除不含受试物外，其他处理应与受试物相同。此外，当不具有实验室历史资料证实所用溶媒无致突变作用和无其他有害作用时，还应设空白对照。

5.2 剂量

5.2.1 最高浓度选择

决定最高浓度的因素是细胞毒性、受试物在试验系统中的溶解度以及 pH 或渗透压的改变。

5.2.2 细胞毒性确定

应使用指示细胞完整性和生长情况的指标，在代谢活化系统存在和不存在两种条件下确定细胞毒性，例如相对集落形成率或相对存活率。应在预试验中确定细胞毒性和溶解度。

5.2.3 浓度设置和最高浓度选择

至少应设置 4 个可供分析的浓度。当有细胞毒性时，其浓度范围应包括从最大毒性至几乎无毒性，通常浓度间隔系数在 $2 \sim \sqrt{10}$ 之间；如最高浓度是基于细胞毒性，那么该浓度组的细胞相对集落形成率或相对存活率应为 10%～20%(不低于 10%)。对于那些细胞毒性很低的化合物，最高浓度应是 5 μL/mL、5 mg/mL 或 0.01 mol/L。对于相对不溶解的物质，其最高浓度应达到或超过在细胞培养状态下的溶解度限值；最好在试验处理开始和结束时均评价溶解度，因为由于 S9 等的存在，试验系统内在暴露过程中溶解度可能发生变化；不溶解性可用肉眼鉴别，但沉淀不应影响观察。

5.3 试验步骤和观察指标

5.3.1 贴壁生长细胞的试验步骤和观察指标

5.3.1.1 细胞准备

将 5×10^5 个细胞接种于直径为 100 mm 平皿中，于 37 ℃、5%二氧化碳培养箱中培养 24 h 。

5.3.1.2 接触受试物

吸去培养液，PBS 洗两次，加入一定量的无血清培养液、一定浓度的受试物及 S9 混合物(无需代谢活化者用无血清培养液补足)，置于培养箱中 3 h～6 h，结束后吸去含受试物的培养液，用 PBS 洗细胞两次，换入含 10%血清的培养液，继续培养 19 h～22 h 。

5.3.1.3 表达

接触受试物的细胞继续培养 19 h～22 h 后用胰酶-EDTA 消化，待细胞脱落后，加入含 10% 血清的培养液终止消化，混匀，放入离心管以 800 r/min～1 000 r/min 的速度离心 5 min～7 min，弃上清液，制成细胞悬液，计数，以 5×10^5 个细胞接种于直径为 100 mm 的平皿，3 d 后传代，仍接种 5×10^5 个细胞培养 3 d(最佳表达时间为 6 d～8 d)。

5.3.1.4 细胞毒性测定

将上述首次消化计数后的细胞每皿接种 200 个，每组 5 个皿，37 ℃、5%二氧化碳条件下培养 7 d，固定，Giemsa 染色，计数每皿集落数。

5.3.1.5 突变体的选择及集落形成率的测定

表达结束后，消化细胞，分种，每组 5 个皿，每皿接种 200 个细胞，不加 6-TG，7 d 后固定，Giemsa 染色，统计每皿集落数，计算集落形成率。同时另做突变频率测定，每组 5 个皿，每皿接种 2×10^5 个细胞，待细胞贴壁后加入 6-TG(建议使用终浓度为 5 μg/mL～10 μg/mL)，放入培养箱培养 8 d～10 d 后固定，Giemsa 染色，统计每皿集落数，并计算突变频率。

5.3.2 悬浮生长细胞的试验步骤和观察指标

5.3.2.1 细胞准备及接触受试物

取生长良好的细胞，调整密度为 5×10^5/mL，按 1%体积加入一定浓度的受试物及 S9 混合物(无需代谢活化者用无血清培养液补足)，37 ℃振摇处理 3 h～6 h，以 800 r/min～1 000r/min 的速度离心 4 min～6 min，弃上清液，用 PBS 或无血清培养液洗细胞 2 次，重新悬浮细胞于含 10%马血清的 RPMI 1640 培养液中，并调整细胞密度为 2×10^5/mL。

5.3.2.2 PE_0(0 天的平板接种效率)测定

取适量细胞悬液，作梯度稀释至 8 个细胞/mL，接种 96 孔板(每孔加 0.2 mL，即平均 1.6 个细胞/孔)，每个剂量接种 1～2 块平板，37 ℃，5%二氧化碳，饱和湿度条件下培养 9 d～11 d，计数每块平板有集落生长的孔数。

5.3.2.3 表达

取 5.3.2.1 所得细胞悬液，作 6 d 表达培养，每天计数细胞密度并保持密度在 1×10^6/mL 以下。

5.3.2.4 PE_6(第六天的平板接种效率)测定

表达培养结束后，取适量细胞悬液，按“5.3.2.2”方法测定 PE_6。

5.3.2.5 突变频率(MF)测定

表达培养结束后，取适量细胞悬液，调整细胞密度为 1×10^5/mL，加入 6-TG(建议使用终浓度为 5 μg/mL～15 μg/mL)，混匀，接种 96 孔板(每孔加 0.2 mL，即 2×10^4 个细胞/孔)，每个剂量接种 2～4 块平板，37 ℃，5%二氧化碳，饱和湿度条件下培养 11 d～14 d，计数有突变集落生长的孔数。

6 数据处理和结果评价

6.1 数据处理

6.1.1 贴壁生长细胞 HGPRT 试验数据处理

6.1.1.1 细胞毒性

以相对于溶媒对照组的集落形成率表示细胞毒性。即以溶媒对照的集落形成率为100%(1.00),求出各受试物组的相对值。

相对集落形成率的计算见式(1):

$$A = B/C \times 100\% \qquad \cdots\cdots(1)$$

式中:

A ——相对集落形成率,%;

B ——受试物组集落形成率,%;

C ——溶媒对照组集落形成率,%。

6.1.1.2 集落形成率和突变频率

集落形成率的计算见式(2):

$$D = E/F \times 100\% \qquad \cdots\cdots(2)$$

式中:

D——集落形成率,%;

E——实际存活的细胞集落数;

F——接种细胞数。

突变频率的计算见式(3):

$$G = \frac{H}{I} \times \frac{1}{D} \qquad \cdots\cdots(3)$$

式中:

G ——突变频率;

H——突变集落数;

I ——接种细胞数;

D ——集落形成率。

6.1.2 悬浮生长细胞 HGPRT 试验数据处理

6.1.2.1 平板接种效率(PE_0、PE_6)

平板接种效率的计算见式(4):

$$\mathrm{PE} = \frac{-\ln(\mathrm{EW}/\mathrm{TW})}{1.6} \times 100\% \qquad \cdots\cdots(4)$$

式中:

EW ——无集落生长的孔数;

TW ——总孔数;

1.6 ——每孔接种细胞数。

6.1.2.2 相对存活率(RS)

相对存活率的计算见式(5)：

$$RS = \frac{PE_0(\text{受试物组})}{PE_0(\text{溶媒对照组})} \times 100\% \quad \cdots\cdots(5)$$

6.1.2.3 突变频率(MF)

突变频率的计算见式(6)：

$$MF(\times 10^{-6}) = \frac{-\ln(EW/TW)/N}{PE_6} \quad \cdots\cdots(6)$$

式中：

EW ——无集落生长的孔数；

TW ——总孔数；

N ——每孔接种细胞数即 2×10^4；

PE_6 ——第六天的平板接种效率。

6.2 结果评价

6.2.1 阳性结果的判定

6.2.1.1 受试物组在任何一个剂量条件下的突变频率为阴性(溶媒)对照组的 3 倍或 3 倍以上，可判定为阳性。

6.2.1.2 受试物组的突变频率增加，与阴性(溶媒)对照组比较具有统计学意义，并有剂量-反应趋势，则可判定为阳性。

6.2.1.3 受试物组在任何一个剂量条件下引起具有统计学意义的增加并有可重复性，则可判定为阳性。

6.2.2 阴性结果的判定

不符合上述阳性结果判定标准，则可判定为阴性。

7 试验报告

7.1 试验名称、试验单位名称和联系方式、报告编号。

7.2 试验委托单位名称和联系方式、样品受理日期。

7.3 试验开始和结束日期、试验项目负责人、试验单位技术负责人、签发日期。

7.4 试验摘要。

7.5 受试物：名称、鉴定资料、CAS 编号(如已知)、纯度、与本试验有关的受试物的物理和化学性质及稳定性等。

7.6 溶媒和载体：溶媒和载体的选择依据，受试物在溶媒和载体中的溶解性和稳定性。

7.7 细胞株：名称、来源、浓度及培养条件(包括培养基的组成、培养温度、CO_2 浓度和培养时间)。

7.8 试验条件：剂量、代谢活化系统、标准诱变剂、操作步骤等。

7.9 试验结果：各剂量组受试物(加和不加 S9)对细胞的毒性和突变频率的均数和标准差、是否具有剂量-反应关系、统计结果，同时进行的阴性(溶媒)对照和阳性对照的均数和标准差、以及阴性(溶媒)对照和阳性对照的历史范围。

7.10 结论:本试验条件下受试物是否具有致突变作用。

8 试验的解释

若阴性对照中,集落形成率或存活率低于50%,结果应不采用。各实验室选用的阳性对照突变频率有一定范围,若受试物的结果为阴性或弱阳性时,阳性对照的诱变率应达正常值的下限以上,否则结果不能成立。

中华人民共和国国家标准

GB 15193.13—2015

食品安全国家标准
90 天经口毒性试验

2015-08-07 发布　　　　2015-10-07 实施

中华人民共和国
国家卫生和计划生育委员会　发布

前 言

本标准代替 GB 15193.13—2003《30 天和 90 天喂养试验》。

本标准与 GB 15193.13—2003 相比，主要变化如下：

——标准名称修改为“食品安全国家标准 90 天经口毒性试验”；

——修改了“范围”；

——增加了“亚慢性毒性”、“最小观察到有害作用剂量”和“卫星组”的定义；

——修改了“原理”；

——增加了“仪器与试剂”项目；

——增加了“试验方法”项目；

——增加了受试物处理要求；

——修改了“实验动物”；

——修改了“剂量与分组”；

——修改了“操作步骤”；

——修改了给予受试物的方式；

——修改了观察指标；

——增加了体重和摄食及饮水消耗量、眼部检查、尿液检查、体温、心电图检查内容；

——修改了血液学检查、血生化检查、病理检查指标；

——修改了“数据处理”；

——增加了结果评价内容；

——增加了“试验报告”项目；

——增加了“结果解释”项目。

食品安全国家标准
90 天经口毒性试验

1 范围

本标准规定了实验动物 90 天经口毒性试验的基本试验方法和技术要求。

本标准适用于评价受试物的亚慢性毒性作用。

2 术语和定义

2.1 亚慢性毒性

实验动物在不超过其寿命期限 10%的时间内(大鼠通常为 90 d),重复经口接触受试物后引起的健康损害效应。

2.2 未观察到有害作用剂量

通过动物试验,以现有的技术手段和检测指标未观察到任何与受试物有关的毒性作用的最大剂量。

2.3 最小观察到有害作用剂量

在规定的条件下,受试物引起实验动物组织形态、功能、生长发育等有害效应的最小作用剂量。

2.4 靶器官

实验动物出现由受试物引起明显毒性作用的器官。

2.5 卫星组

在毒性研究设计和实施中外加的动物组,其处理和饲养条件与主要研究的动物相似,用于试验中期或试验结束恢复期观察和检测,也可用于不包括在主要研究内的其他指标及参数的观察和检测。

3 试验目的和原理

确定在 90 d 内经口重复接触受试物引起的毒性效应,了解受试物剂量-反应关系、毒作用靶器官和可逆性,得出 90 d 经口最小观察到有害作用剂量(LOAEL)和未观察到有害作用剂量(NOAEL),初步确定受试物的经口安全性,并为慢性毒性试验剂量、观察指标、毒性终点的选择以及获得"暂定的人体健康指导值"提供依据。

4 仪器和试剂

4.1 仪器/器械

实验室常用解剖器械、电子天平、生物显微镜、检眼镜、血生化分析仪、血液分析仪、凝血分析仪、尿液分析仪、心电图扫描仪、离心机、病理切片机等。

4.2 试剂

甲醛、二甲苯、乙醇、苏木素、伊红、石蜡、血球分析仪稀释剂、血生化分析试剂、凝血分析试剂、尿液分析试剂(或试纸)等。

5 试验方法

5.1 受试物

受试物应使用原始样品,若不能使用原始样品,应按照受试物处理原则对受试物进行适当处理。将受试物掺入饲料、饮用水或灌胃给予。

5.2 实验动物

5.2.1 动物选择

实验动物的选择应符合 GB 14922.1 和 GB 14922.2 的有关规定。选择已有资料证明对受试物敏感的动物物种和品系,一般啮齿类动物首选大鼠,非啮齿类动物首选犬(通常选用 Beagle 犬)。大鼠周龄推荐不超过 6 周,体重 50 g~100 g。试验开始时每个性别动物体重差异不应超过平均体重的±20%,每组动物数不少于 20 只,雌雄各半;若计划试验中期观察或试验结束做恢复期的观察,应增加动物数(对照和高剂量增加卫星组,每组 10 只,雌雄各半)。犬通常选用 4 个月~6 个月的幼犬,一般不超过 9 个月,试验开始时每个性别动物体重差异不应超过平均体重的±20%,每组动物数不少于 8 只,雌雄各半;若计划试验中间尸检或试验结束做恢复期的观察,应增加动物数(对照和高剂量增加卫星组,每组 4 只,雌雄各半)。对照组动物性别和数量应与受试物组相同。

5.2.2 动物准备

试验前大鼠在实验动物房至少应进行 3 d~5 d(犬 7 d~14 d)环境适应和检疫观察。

5.2.3 动物饲养

实验动物饲养条件应符合 GB 14925、饮用水应符合 GB 5749、饲料应符合 GB 14924 的有关规定。试验期间动物自由饮水和摄食,动物推荐单笼饲养,大鼠也可按组分性别分笼群饲,每笼动物数(一般不超过 3 只)应满足实验动物最低需要的空间,以不影响动物自由活动和观察动物的体征为宜。试验期间每组动物非试验因素死亡率应小于 10%,濒死动物应尽可能进行血液生化指标检测、大体解剖以及病理组织学检查,每组生物标本损失率应小于 10%。

5.3 剂量

5.3.1 分组

试验至少设 3 个受试物剂量组,1 个阴性(溶媒)对照组,必要时增设未处理对照组。若试验中期需要观察血液生化指标、尸检或试验结束做恢复期观察,对照和高剂量需增设卫星组。对照组除不给受试物外,其余处理均同受试物剂量组。

5.3.2 剂量设计

5.3.2.1 原则上高剂量应使部分动物出现比较明显的毒性反应,但不引起死亡;低剂量不宜出现任何观察到毒效应(相当于 NOAEL),且高于人的实际接触水平;中剂量介于两者之间,可出现轻度的毒性效应,以得出 NOAEL 和(或)LOAEL。一般递减剂量的组间距以 2 倍~4 倍为宜,如受试物剂量总跨度过大可加设剂量组。试验剂量的设计参考急性毒性LD_{50}剂量、28天经口毒性试验剂量和人体推荐摄入量进行。

5.3.2.2 能求出LD_{50}的受试物，以28天经口毒性试验的NOAEL或LOAEL作为90天经口毒性试验的最高剂量组；或以LD_{50}的5%～15%作为最高剂量组，此LD_{50}百分比的选择主要参考LD_{50}剂量反应曲线的斜率。然后在此剂量下设几个剂量组，最低剂量组至少是人体推荐摄入量的3倍。

5.3.2.3 求不出LD_{50}的受试物，试验剂量应尽可能涵盖人体预期摄入量100倍的剂量，在不影响动物摄食及营养平衡前提下应尽量提高高剂量组的剂量，对于人体推荐摄入量较大的受试物，高剂量组亦可以按最大给予量设计。

5.4 试验步骤和观察指标

5.4.1 受试物给予

5.4.1.1 根据受试物的特性或试验目的，选择受试物掺入饲料、饮水或灌胃方式给予。若受试物影响动物适口性，应灌胃给予。受试物应连续给予90 d。

5.4.1.2 受试物灌胃给予，要将受试物溶解或悬浮于合适的溶媒中，首选溶媒为水、不溶于水的受试物可使用植物油（如橄榄油、玉米油等），不溶于水或油的受试物亦可使用羧甲基纤维素、淀粉等配成混悬液或糊状物等。受试物应新鲜配制，有资料表明其溶液或混悬液储存稳定者除外。为保证受试物在动物体内浓度的稳定性，每日同一时段灌胃1次（每周灌胃6 d）。试验期间，前4周每周称体重2次，之后每周称体重1次，按体重调整灌胃体积。灌胃体积一般不超过10 mL/kg体重，如为水溶液时，最大灌胃体积大鼠可达20 mL/kg体重，犬为15 mL/kg体重；如为油性液体，灌胃体积应不超过4mL/kg体重；各组灌胃体积一致。

5.4.1.3 受试物掺入饲料或饮水给予，要将受试物与饲料（或饮水）充分混匀并保证该受试物配制的稳定性和均一性，以不影响动物摄食、营养平衡和饮水量为原则，受试物掺入饲料比例一般小于质量分数5%，若超过5%时（最大不应超过10%），可调整对照组饲料营养素水平（若受试物无热量或营养成分，且添加比例大于5%时，对照组饲料应填充甲基纤维素等，掺入量等同高剂量），使其与剂量组饲料营养素水平保持一致，同时增设未处理对照组；亦可视受试物热量或营养成分的状况调整剂量组饲料营养素水平，使其与对照组饲料营养素水平保持一致。受试物剂量单位是每千克体重所摄入受试物的毫克（或克）数，即mg/kg体重（或g/kg体重），当受试物掺入饲料其剂量单位亦可表示为mg/kg（或g/kg）饲料，掺入饮水则表示为mg/mL水。受试物掺入饲料时，需将受试物剂量（mg/kg体重）按动物每100 g体重的摄食量折算为受试物饲料浓度（mg/kg饲料），一般90天经口毒性试验大鼠每日摄食量按体重8%折算。

5.4.2 一般临床观察

观察期限为90 d，若设恢复期观察，动物应停止给予受试物后继续观察28 d，以观察受试物毒性的可逆性、持续性和迟发效应。试验期间至少每天观察一次动物的一般临床表现，并记录动物出现中毒的体征、程度和持续时间及死亡情况。观察内容包括被毛、皮肤、眼、黏膜、分泌物、排泄物、呼吸系统、神经系统、自主活动（如：流泪、竖毛反应、瞳孔大小、异常呼吸）及行为表现（如：步态、姿势、对处理的反应、有无强直性或阵挛性活动、刻板反应、反常行为等）。对体质弱的动物应隔离，濒死和死亡动物应及时解剖。

5.4.3 体重和摄食及饮水消耗量

每周记录体重、摄食量，计算食物利用率；试验结束时，计算动物体重增长量、总摄食量、总食物利用率。受试物经饮水给予，应每日记录饮水量。如受试物经掺入饲料或饮水给予，应计算和报告受试物各剂量组实际摄入剂量。

5.4.4 眼部检查

在试验前和试验结束时，至少对高剂量组和对照组大鼠进行眼部检查(角膜、晶状体、球结膜、虹膜)，犬用荧光素钠进行检查，若发现高剂量组动物有眼部变化，则应对所有动物进行检查。

5.4.5 血液学检查

大鼠试验中期(卫星组)、试验结束、恢复期结束(卫星组)进行血液学指标测定；犬试验前、试验期间(45 d)、试验结束、恢复期结束(卫星组)进行血液学指标测定。推荐指标为白细胞计数及分类(至少三分类)、红细胞计数、血红蛋白浓度、红细胞压积、血小板计数、凝血酶原时间(PT)、活化部分凝血活酶时间(APTT)等。如果对血液系统有影响，应加测网织红细胞、骨髓涂片细胞学检查。

5.4.6 血生化学检查

大鼠试验中期(卫星组)、试验结束、恢复期结束(卫星组)进行血液生化指标测定；犬试验前、试验期间(45 d)、试验结束、恢复期结束(卫星组)进行血液生化指标测定，应空腹采血。测定指标应包括电解质平衡、糖、脂和蛋白质代谢、肝(细胞、胆管)肾功能等方面。至少包含丙氨酸氨基转移酶(ALT)、门冬氨酸氨基转移酶(AST)、碱性磷酸酶(ALP)、谷氨酰转肽酶(GGT)、尿素(Urea)、肌酐(Cr)、血糖(Glu)、总蛋白(TP)、白蛋白(Alb)、总胆固醇(TC)、甘油三酯(TG)、氯、钾、钠指标。必要时可检测钙、磷、尿酸(UA)、总胆汁酸(TBA)、胆碱酯酶、山梨醇脱氢酶、高铁血红蛋白、激素等指标。应根据受试物的毒作用特点或构效关系增加检测内容。

5.4.7 尿液检查

大鼠在试验中期(卫星组)、试验结束、恢复期结束(卫星组)时进行尿液常规检查，犬试验前、试验期间(45 d)、试验结束、恢复期结束(卫星组)进行尿液常规检查。包括外观、尿蛋白、密度、pH、葡萄糖和潜血等。若预期有毒反应指征，应增加尿液检查的有关项目如尿沉渣镜检、细胞分析等。

5.4.8 体温、心电图检查

犬试验前、试验期间(45 d)、试验结束、恢复期结束(卫星组)应进行体温、心电图检查。

5.4.9 病理检查

5.4.9.1 大体解剖

试验结束、恢复期结束(卫星组)时必须对所有动物进行大体检查，包括体表、颅、胸、腹腔及其脏器，并称脑、心脏、胸腺、肾上腺、肝、肾、脾、睾丸、附睾、子宫、卵巢的绝对重量，计算相对重量[脏/体比值和(或)脏/脑比值]。

5.4.9.2 组织病理学检查

可以先对最高剂量组和对照组动物进行以下脏器组织病理学检查，发现病变后再对较低剂量组相应器官及组织进行检查。检测脏器应包括脑、垂体、甲状腺、胸腺、肺、心脏、肝、脾、肾、肾上腺、胃、十二指肠、空肠、回肠、结肠、直肠、胰、肠系膜淋巴结、卵巢、子宫、睾丸、附睾、前列腺、膀胱等。必要时可加测脊髓(颈、胸、腰)、食道、唾液腺、颈淋巴结、气管、动脉、精囊腺和凝固腺、子宫颈、阴道、乳腺、骨和骨髓、坐骨神经和肌肉、皮肤和眼球等组织器官。对肉眼可见的病变或可疑病变组织进行病理组织学检查。应有组织病理学检查报告，病变组织给出病理组织学照片。

5.4.10 其他指标

必要时，根据受试物的性质及所观察的毒性反应，增加其他指标(如：神经毒性、免疫毒性、内分泌毒性指标)。

6 数据处理和结果评价

6.1 数据处理

应将所有的数据和结果以表格形式进行总结，列出各组试验前的动物数、试验期间动物死亡数及死亡时间、出现毒性反应的动物数，列出所见的毒性反应，包括出现毒效应的时间、持续时间及程度。对计量资料给出均数、标准差和动物数。对动物体重、摄食量、饮水量(受试物经饮水给予)、食物利用率、血液学检查、血生化检查、尿液检查、心电图、脏器重量、脏/体比值和(或)脏/脑比值、病理检查等结果应以适当的方法进行统计学分析。一般情况，计量资料采用方差分析，进行多个试验组与对照组之间均数比较，分类资料采用 Fisher 精确分布检验、卡方检验、秩和检验，等级资料采用 Ridit 分析、秩和检验等。

6.2 结果评价

应将临床观察、生长发育情况、血液学检查、尿液检查、血生化检查、心电图、大体解剖、脏器重量和脏/体比值和(或)脏/脑比值、病理组织学检查等各项结果，结合统计结果进行综合分析，判断受试物毒作用特点、程度、靶器官，剂量-效应、剂量-反应关系，如设有恢复期卫星组，还可判断受试物毒作用的可逆性。在综合分析的基础上得出 90 天经口毒性的 LOAEL 和(或)NOAEL，为慢性毒性试验的剂量、观察指标的选择提供依据。

7 试验报告

7.1 试验名称、试验单位名称和联系方式、报告编号。

7.2 试验委托单位名称和联系方式、样品受理日期。

7.3 试验开始和结束日期、试验项目负责人、试验单位技术负责人、签发日期。

7.4 试验摘要。

7.5 受试物：名称、批号、剂型、状态(包括感官、性状、包装完整性、标识)、数量、前处理方法、溶媒。

7.6 实验动物：物种、品系、级别、数量、体重、性别、来源(供应商名称、实验动物生产许可证号)，动物检疫、适应情况，饲养环境(温度、相对湿度、实验动物设施使用许可证号)，饲料来源(供应商名称、实验动物饲料生产许可证号)。

7.7 试验方法：试验分组、每组动物数、剂量选择依据、受试物给予途径及期限、观察指标、统计学方法。

7.8 试验结果：动物生长活动情况、毒性反应特征(包括出现的时间和转归)、体重增长、摄食量、食物利用率、眼部检查、血液学检查、血生化检查、尿液检查、心电图、大体解剖、脏器重量、脏/体比值和(或)脏/脑比值、病理组织学检查结果。如受试物经掺入饲料或掺入饮水给予，报告各剂量组实际摄入剂量。

7.9 试验结论：受试物 90 天经口毒作用的特点、剂量-反应关系、靶器官和可逆性，并得出 90 天经口毒性 NOAEL 和(或)LOAEL 结论等。

8 试验的解释

应根据现代的毒理学和生物学知识，对试验所得阳性结果是否与受试物有关作出肯定和否定的意见；对出现矛盾的结果应做出合理解释，评价结果的生物学意义和毒理学意义。从剂量-效应和剂量-反应关系的资料,得出 LOAEL 和(或)NOAEL。同时对是否需要进行慢性毒性试验,以及对慢性毒性试验的剂量、观察指标等提出建议。由于动物和人存在物种差异,试验结果外推到人有一定的局限性,但也能为初步确定人群的允许接触水平提供有价值的信息。

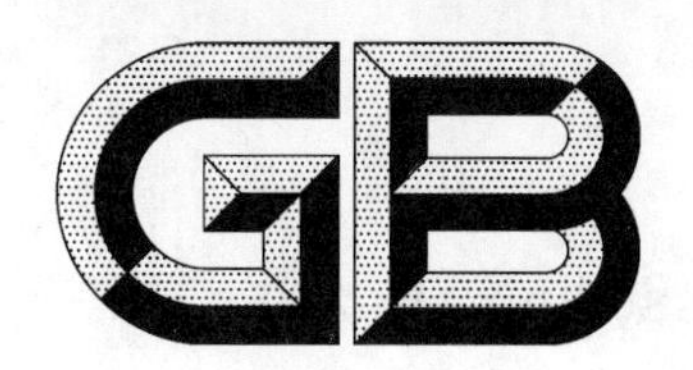

中华人民共和国国家标准

GB 15193.14—2015

食品安全国家标准
致畸试验

2015-08-07 发布　　2015-10-07 实施

中华人民共和国
国家卫生和计划生育委员会　发布

前　言

本标准代替 GB 15193.14—2003《致畸试验》。

本标准与 GB 15193.14—2003 相比，主要变化如下：

——标准名称修改为“食品安全国家标准　致畸试验”；

——修改了范围；

——增加了术语和定义、试验目的、试验报告和解释的内容；

——增加了动物起始体重的差异应不超过平均体重的 20％的要求；

——增加了动物饲养要求；

——修改了试验终止时孕鼠数的要求；

——增加了一种建立阳性对照组的方式“用环磷酰胺（15 mg/kg 体重）于孕第 12 天腹腔注射 1 次”；

——增加了母体动物死亡率不得大于 10％的内容；

——增加了受试物的给予；

——修改了传统致畸试验中给予大鼠受试物的时间；

——增加了观察给予受试物期间母体的表现，必要时记录饮水量；

——增加了对所有妊娠母体进行肉眼检查；

——修改了表 2；

——删除了表格“致畸试验记录内容”，增加了需要整理的数据内容；统计项目中增加了净增重和性别比，删除了卵巢重量统计；

——增加了试验报告应列出的内容和信息。

食品安全国家标准

致畸试验

1 范围

本标准规定了动物致畸试验的试验方法和技术要求。

本标准适用于评价受试物的致畸作用。

2 术语和定义

2.1 发育毒性

个体在出生前暴露于受试物、发育成为成体之前(包括胚期、胎期以及出生后)出现的有害作用,表现为发育生物体的结构异常、生长改变、功能缺陷和死亡。

2.2 致畸性

受试物在器官发生期间引起子代永久性结构异常的性质。

2.3 母体毒性

受试物引起亲代雌性妊娠动物直接或间接的健康损害效应,表现为增重减少、功能异常、中毒体征,甚至死亡。

3 试验目的和原理

母体在孕期受到可通过胎盘屏障的某种有害物质作用,影响胚胎的器官分化与发育,导致结构异常,出现胎仔畸形。因此,在受孕动物的胚胎的器官形成期给予受试物,可检出该物质对胎仔的致畸作用。

检测妊娠动物接触受试物后引起的致畸可能性,预测其对人体可能的致畸性。

4 仪器和试剂

4.1 仪器与器材

实验室常用设备、生物显微镜、体视显微镜、游标卡尺、分析天平。

4.2 试剂

4.2.1 主要试剂

甲醛、冰乙酸、2,4,6-三硝基酚、氢氧化钾、甘油、水合氯醛、茜素红。

4.2.2 主要试剂配制方法

4.2.2.1 茜素红贮备液

以50%乙酸为溶剂的茜素红饱和液5.0 mL、甘油10.0 mL、1%水合氯醛60.0 mL混合，存于棕色瓶中。

4.2.2.2 茜素红应用液

取贮备液3 mL～5 mL，用10 g/L～20 g/L氢氧化钾液稀释至1 000 mL，存于棕色瓶中。

4.2.2.3 茜素红溶液

茜素红0.1 g，氢氧化钾10 g，蒸馏水1 000 mL，临用时配制（剥皮法骨骼染色液）。

4.2.2.4 透明液A

甘油200 mL、氢氧化钾10 g，蒸馏水790 mL混合。

4.2.2.5 透明液B

甘油与蒸馏水等体积混合。

4.2.2.6 固定液（Bouins液）

2,4,6-三硝基酚（苦味酸饱和液）75份、40%甲醛20份、冰乙酸5份。

5 试验方法

5.1 受试物

受试物应使用原始样品，若不能使用原始样品，应按照受试物处理原则对受试物进行适当处理。

5.2 实验动物

5.2.1 种、系选择

实验动物的选择应符合GB 14922.2和有关规定。啮齿类首选大鼠，非啮齿类首选家兔。若选用其他物种应给出理由。选用健康、性成熟的雄性动物和未经交配的雌性动物，试验开始时动物体重的差异不应超过平均体重的±20%。所用动物应注明种类、品系、性别、体重和周龄。

5.2.2 动物性别和数量

性成熟雄性和雌性动物通常按1∶1或1∶2比例合笼交配，如果5 d内未交配，应更换雄鼠。为了获得足够的胎仔来评价其致畸作用，大鼠每个剂量水平的怀孕动物数不少于16只，家兔每个剂量水平怀孕动物数不少于12只。

5.2.3 动物准备

试验前动物在实验动物房至少应进行3 d～5 d环境适应和检疫观察。

5.2.4 动物饲养

实验动物饲养条件、饮用水、饲料应分别符合GB 14925、GB 5749、GB 14924.3和有关规定。试验期间动物自由饮水和摄食，妊娠动物应单笼饲养。

5.3 剂量

试验至少设 3 个剂量组，同时设溶媒对照组，溶媒对照组除不给受试物外，其余处理均同剂量组。必要时设阳性对照组，常用经口给予的阳性对照物及参考剂量为敌枯双(0.5 mg/kg 体重～1.0 mg/kg 体重)、五氯酚钠(30 mg/kg 体重)、阿斯匹林(250 mg/kg 体重～300 mg/kg 体重)及维生素 A(7 500 μg/kg 体重～13 000 μg/kg 体重视黄醇当量)等，或者用环磷酰胺(15 mg/kg 体重)于孕第 12 天腹腔注射 1 次。曾用阳性物开展过致畸试验、并在所用实验动物种系有阳性结果发现，试验可略去设置阳性对照组。

高剂量组原则上应使部分动物出现某些发育毒性和(或)母体毒性，如体重轻度减轻等，但不至引起死亡或严重疾病，如果母体动物有死亡发生，应不超过母体动物数量的 10%。低剂量组不应出现任何观察到的母体毒性或发育毒性作用。建议递减剂量系列的组间距 2 倍～4 倍比较合适。当组间差距较大时(如超过 10 倍)加设一个试验组。

试验剂量的设计参考急性毒性试验剂量、28 天经口毒性试验、90 天经口毒性试验剂量和人体实际摄入量进行。对于能求出 LD_{50} 的受试物，根据 LD_{50} 值和剂量-反应关系曲线斜率设计高剂量组的剂量。对于求不出 LD_{50} 的受试物，如果 28 天或 90 天经口毒性试验未观察到有害作用，以最大未观察到有害作用剂量作为高剂量；如果 28 d 或 90 d 经口试验观察到有害作用，以最小观察到有害作用剂量(LOAEL)为高剂量组，以下设 2 个剂量组。设置剂量水平时还应参考受试物的其他毒理学资料。

5.4 试验步骤和观察指标

5.4.1 “受孕动物”的检查

对于大鼠，雌、雄性动物同笼后，每日早晨对雌鼠检查阴栓或进行阴道涂片检查是否有精子，查出阴栓或精子，认为该动物已交配，当日作为“受孕”零天。对于家兔，雌兔和雄兔合笼后阴道涂片检查到精子当日作为“受孕”零天。将检出的“受孕动物”随机分到各组，并称重和编号。

5.4.2 受试物的给予

受试物通常经口灌胃给予，若选用其他途径应说明理由。通常，在器官形成期给予受试物，(大鼠孕期的第 6 天～第 15 天，兔孕期的第 6 天～第 18 天)。受试物灌胃给予时，要将受试物溶解或悬浮于合适的溶媒中，首选溶媒为水、不溶于水的受试物可使用植物油(如橄榄油、玉米油等)，不溶于水或油的受试物亦可使用羧甲基纤维素、淀粉等配成混悬液或糊状物等。受试物应新鲜配制，有资料表明其溶液或混悬液储存稳定者除外。应每日在同一时间灌胃 1 次，根据母体体重调整灌胃体积。灌胃体积一般不超过 10 mL/kg 体重，如为水溶液时，最大灌胃体积可达 20 mL/kg 体重；如为油性液体，灌胃体积应不超过 4 mL/kg 体重；各组灌胃体积一致。

5.4.3 母体观察

每日对动物进行临床观察，包括皮肤、被毛、眼睛、黏膜、呼吸、神经行为、四肢活动等情况，及时记录各种中毒体征，包括发生时间、表现程度和持续时间，发现虚弱或濒死的动物应进行隔离或处死，母体有流产或早产征兆时应及时剖检。

在受孕第 0 天、给予受试物第 1 天、给予受试物期间每 3 天及处死当日称母体体重。若通过饮水途径给予受试物，还应记录饮水量。

5.4.4 受孕母体处死和检查

5.4.4.1 一般检查

于分娩前 1 天(一般大鼠为孕第 20 天、家兔为孕第 28 天)处死母体,剖腹检查亲代受孕情况和胎体发育。迅速取出子宫,称子宫连胎重,以得出妊娠动物的净增重。记录黄体数、早死胎数、晚死胎数、活胎数及着床数。

处死时对所有妊娠动物进行尸体解剖和肉眼检查,保存肉眼发现有改变的脏器,以便于进行组织学检查,同时保存足够对照组的相应脏器以供比较。

5.4.4.2 胎仔外观检查

逐一记录胎仔性别、体重、体长,检查胎仔外观有无异常。外观检查至少包括表 1 的项目。

表 1 致畸试验胎仔外观检查项目

部位	检查项目	部位	检查项目	部位	检查项目
头部	无脑	头部	小颚症	躯干部	短尾、卷尾
	脑膨出		下颚裂		无尾
	顶骨裂		口唇裂	四肢	多肢
	脑积水	躯干部	胸骨裂		无肢
	小头症		胸部裂		短肢
	颜面裂		脊椎裂		半肢
	小眼症		腹裂		多趾
	眼球突出		脊椎侧弯		无趾
	无耳症		脊椎后弯		并趾
	小耳症		脐疝		短趾
	耳低位		尿道下裂		缺趾
	无颚症		无肛门		

5.4.4.3 胎仔骨骼标本制作和检查

骨骼标本制作方法一:将每窝 1/2 的活胎放入 95%乙醇中固定 2 周~3 周,取出胎仔流水冲洗数分钟后放入 10 g/L~20 g/L 的氢氧化钾溶液内(至少 5 倍于胎仔体积)8 h~72 h,透明后放入茜素红应用液中染色 6 h~48 h,并轻摇 1 次/d~2 次/d,至头骨染红为宜。再放入透明液 A 中 1 d~2 d,放入透明液 B 中 2 d~3 d,待骨骼染红而软组织基本褪色。

骨骼标本制作方法二(剥皮法):将胎鼠去皮、去内脏及脂肪后,放入茜素红溶液染色,当天摇动玻璃瓶 2 次~3 次,待骨骼染成红色时为止。将胎仔换入透明液 A 中 1 d~2 d,换入透明液 B 中 2 d~3 d。待胎鼠骨骼已染红,而软组织的紫红色基本褪去,可换置甘油中。

胎仔骨骼检查:将骨骼标本放入小平皿中,用透射光源,在体视显微镜下作整体观察,然后逐步检查骨骼。测量头顶间骨及后头骨缺损情况,然后检查胸骨的数目、缺失或融合(胸骨骨化中心为 5 个,剑突 1 块;骨化不全时首先缺第 5 胸骨、次为缺第 2 胸骨),肋骨通常 12 对~13 对,常见畸形有融合肋、分叉肋、波状肋、短肋、多肋(常见 14 肋)、缺肋、肋骨中断。脊柱发育和椎体数目(颈椎 7 个,胸椎 12 个~13 个,腰椎 5 个~6 个,底椎 4 个,尾椎 3 个~5 个),有无融合、纵裂等。最后检查四肢骨。

胎仔的骨骼检查项目见表 2。

表 2　致畸试验胎仔骨骼检查项目

部位	检查项目
枕骨	骨化中心缺失
脊柱骨	数目、形状异常、融合、纵裂、部分裂开、骨化中心缺失、缩窄、脱离
骨盆	骨化中心缺失、形状异常、融合、裂开、缩窄、脱离
四肢骨	数目、形状异常
腕骨	骨化中心缺失
掌骨	形状异常
趾骨	形状异常
肋骨	数目、形状异常、融合、分叉、缺损
胸骨	数目、融合、骨化中心缺失

5.4.4.4　胎仔内脏检查

对于大鼠，每窝的 1/2 活胎鼠放入 Bouins 液中固定 2 周，作内脏检查。先用自来水冲去固定液，将鼠仰放在石蜡板上，剪去四肢和尾，用刀片在头部横切或纵切共 5 刀，再剖开胸腔和腹腔。按不同部位的断面观察器官的大小、形状和相对位置。正常切面见图 1～图 5：

a)　经口从舌与两口角向枕部横切(切面①)，可观察大脑、间脑、小脑、舌及颚裂；

b)　在眼前面作垂直纵切(切面②)，可观察鼻部；

c)　从头部垂直通过眼球中央作纵切(切面③)，可观察眼部；

d)　沿头部最大横位处穿过脑作切面(切面④)，可观察脑室部，切面①～④目的是可以分别观察舌裂、双叉舌、颚裂，眼球、鼻畸形、脑和脑室异常；

e)　沿下颚水平通过颈部中部作横切(切面⑤)，可观察气管、食管和延脑或脊髓。

以后自腹中线剪开胸、腹腔，依次检查心、肺、横膈膜、肝、胃、肠等脏器的大小、位置，查毕将其摘除，再检查肾脏、输尿管、膀胱、子宫或睾丸位置及发育情况。然后将肾脏切开，观察有无肾盂积水与扩大。必要时还需对心脏内部结构进行检查。致畸试验胎仔内脏检查至少包括表 3 中的项目。

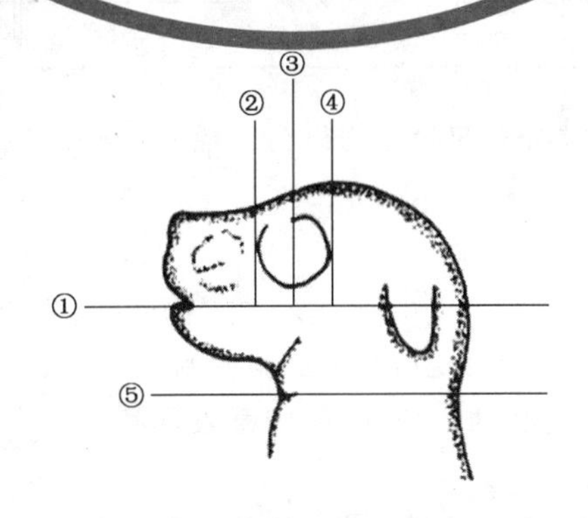

图 1　胎鼠头部示意图

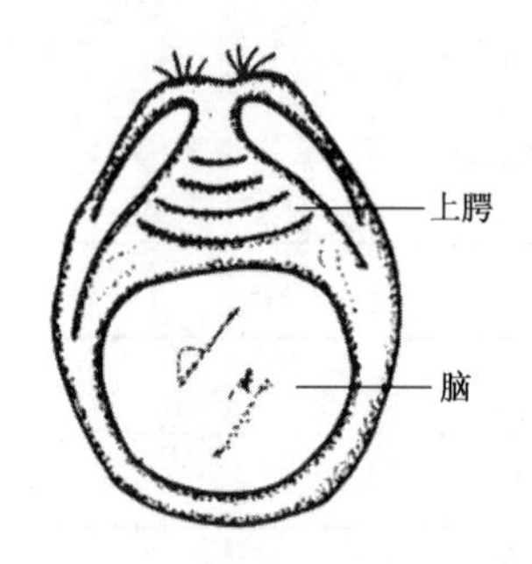

图 2　头部第①切面图示——上腭

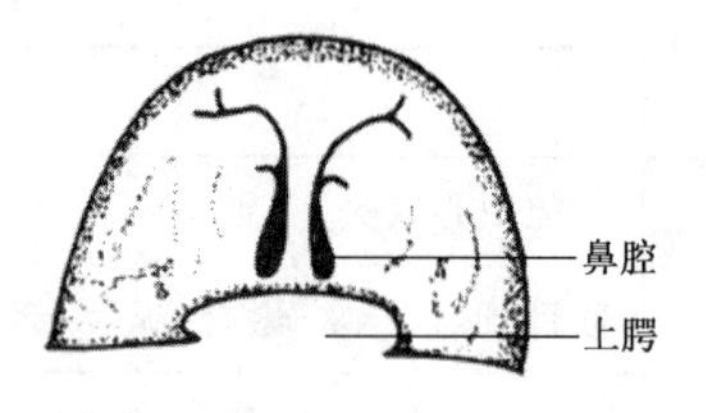

图 3　头部第②切面图示——鼻道

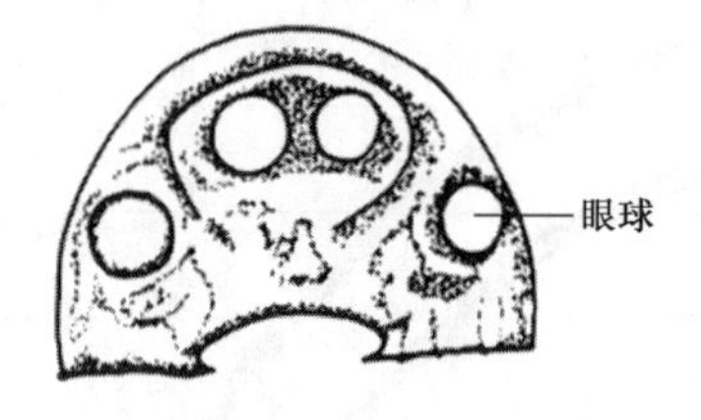

图 4　头部第③切面图示——眼球

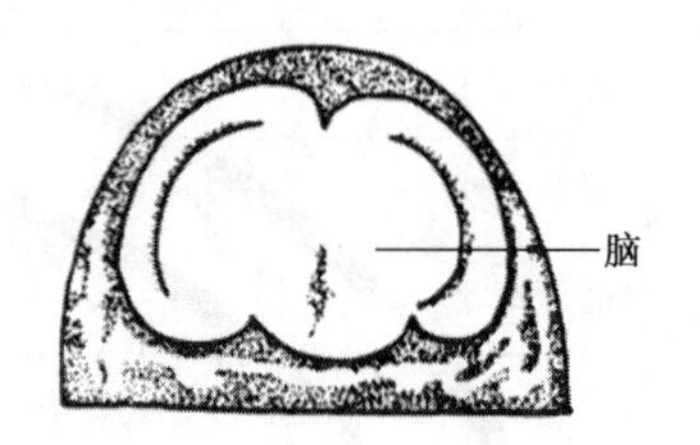

图 5　头部第④切面图示——脑室

表 3　致畸试验胎仔内脏检查项目

部位	检查项目	部位	检查项目	部位	检查项目
头部（脊髓）	嗅球发育不全	胸部	主动脉弓	腹部	多囊肾
	侧脑室扩张		食道闭锁		马蹄肾
	第三脑室扩张		气管狭窄		肾积水
	无脑症		无肺症		肾缺失
	无眼球症		多肺症		膀胱缺失
	小眼球症		肺叶融合		睾丸缺失
	角膜缺损		隔疝		卵巢缺失
	单眼球		气管食管瘘		卵巢异位
胸部	右位心		内脏异位		子宫缺失
	房中隔缺损	腹部	肝分叶异常		子宫发育不全
	室间隔缺损		肾上腺缺失		输卵管积水

对非啮齿类动物，如家兔，应对所有的胎仔均进行骨骼和内脏的检查，其检查程序参照大鼠进行。

6　数据处理和结果评价

整理每只动物的资料并将试验结果列表，包括试验开始时体重、各试验组动物数，子代动物数、试验过程中死亡或人为处死的动物数、受孕动物数、临床中毒表现和出现中毒体征的动物数。胎仔的观察结果，包括畸形类型及其他相关信息。

用合理的统计方法对下述指标进行统计分析：母体体重、体重增重（处死时母体体重－孕 6 d 体重）、子宫连胎重、体重净增重（处死时母体体重－子宫连胎重－孕 6 d 体重）、着床数、黄体数、吸收胎数、活胎数、死胎数及百分率、胎仔的体重及体长、有畸形的胎仔数（包括外观、骨骼和内脏畸形），有畸形胎仔的窝数及百分率，计算动物总畸胎率和某单项畸胎率。对胎仔的相关指标统计应以窝为单位。

7 试验报告

试验报告中应包括以下具体信息：

a) 试验名称、试验单位名称和联系方式、报告编号；

b) 试验委托单位名称和联系方式、样品受理日期；

c) 试验开始和结束日期、试验项目负责人、试验单位技术负责人、签发日期；

d) 试验摘要；

e) 受试物名称、剂型、生产日期（批号）、外观性状、配制所用溶媒和方法；

f) 实验动物种属、品系、级别、数量、体重、性别、来源（供应商名称、实验动物生产许可证号）、动物检疫、适应情况，饲养环境（温度、相对湿度、实验动物设施使用许可证号），饲料来源（供应商名称、实验动物饲料生产许可证号）；

g) 剂量和组别，包括选择剂量的原则或依据、剂量和组别、动物分组方式和每组动物数；

h) 试验条件和方法，包括受试物给予方式和期限、试验周期、观察指标等；

i) 试验结果：以文字描述和表格逐项进行汇总，包括母体体重、妊娠情况、黄体数、着床数、吸收胎数、活胎数、死胎数及百分率。胎仔的情况（体重、体长）、畸胎的类型（外观、骨骼和内脏）、数目及百分率，给出结果的统计处理方法；

j) 试验结论：根据观察到的效应和产生效应的剂量水平评价是否具有致畸性，及畸形的类型。给出致畸作用、其他发育毒性终点及母体毒性的 LOAEL 和未观察到有害作用剂量（NOAEL）。

8 试验的解释

致畸试验检验动物孕期经口重复暴露于受试物产生的子代致畸性和发育毒性。试验结果应该结合亚慢性、繁殖毒性、毒物动力学及其他试验结果综合解释。由于动物和人存在物种差异，故试验结果外推到人存在一定的局限性。

中华人民共和国国家标准

GB 15193.15—2015

食品安全国家标准
生殖毒性试验

2015-08-07 发布　　2015-10-07 实施

中华人民共和国
国家卫生和计划生育委员会　发布

前言

本标准代替 GB 15193.15—2003《繁殖试验》。

本标准与 GB 15193.15—2003 相比，主要变化如下：

——标准名称修改为“食品安全国家标准　生殖毒性试验”；

——增加了“生殖毒性”、“发育毒性”和“母体毒性”的术语和定义；

——修改了“试验方法”，将“实验动物”“剂量与分组”“操作步骤”内容并入“试验方法”；

——修改了“试验报告”内容；

——增加了“试验的解释”内容。

食品安全国家标准
生殖毒性试验

1 范围

本标准规定了生殖毒性试验的试验方法和技术要求。

本标准适用于评价受试物的生殖毒性作用。

2 术语和定义

2.1 生殖毒性

对雄性和雌性生殖功能或能力的损害和对后代的有害影响。生殖毒性既可发生于妊娠期,也可发生于妊前期和哺乳期。表现为外源化学物对生殖过程的影响,例如生殖器官及内分泌系统的变化,对性周期和性行为的影响,以及对生育力和妊娠结局的影响等。

2.2 发育毒性

个体在出生前暴露于受试物、发育成为成体之前(包括胚期、胎期以及出生后)出现的有害作用,表现为发育生物体的结构异常、生长改变、功能缺陷和死亡。

2.3 母体毒性

受试物引起亲代雌性妊娠动物直接或间接的健康损害效应,表现为增重减少、功能异常、中毒体征,甚至死亡。

3 试验目的和原理

凡受试物能引起生殖机能障碍,干扰配子的形成或使生殖细胞受损,其结果除可影响受精卵及其着床而导致不孕外,尚可影响胚胎的发生及发育,如胚胎死亡导致自然流产、胎仔发育迟缓以及胎仔畸形。如果对母体造成不良影响会出现妊娠、分娩和乳汁分泌的异常,也可出现胎仔出生后发育异常。

4 试验方法

4.1 受试物

受试物应使用原始样品,若不能使用原始样品,应按照受试物处理原则对受试物进行适当处理。将受试物掺入饲料、饮用水或灌胃给予。

4.2 实验动物

实验动物的选择应符合国家标准和有关规定。首选大鼠,选用 7 周龄～9 周龄,试验开始时动物体重的差异应不超过平均体重的±20%。试验前动物在实验动物房应至少进行 3 d～5 d 环境适应和检疫观察。每组应有足够的雌鼠和雄鼠配对,产生约20只受孕雌鼠。为此,一般在试验开始时两种性别每组各需要亲代(F_0代)大鼠30只;在继续的试验中用来交配的各代大鼠[子一代(F_1代)、子二代(F_2代)以及子三代(F_3代)]每种性别每组需要25只(至少每窝雌雄各取1只,最多每窝雌雄各取2只)。选用的F_0代雌鼠应为非经产鼠、非孕鼠。

4.3 剂量及分组

动物按体重随机分组,试验为至少设三个受试物组和一个对照组。应考虑受试物特性(如生物代谢和生物蓄积特性)的影响作用。如果受试物使用溶媒,对照组应给予溶媒的最大使用量。如果受试物引起动物食物摄入量和利用率的下降时,那么对照组动物需要与试验组动物配对喂饲。某些受试物的高剂量受试物组设计应考虑其对营养素平衡的影响,对于非营养成分受试物剂量不应超过饲料的5%。

在受试物理化和生物特性允许的条件下,最高剂量应使F_0代动物出现明显的毒性反应,但不引起动物死亡;中间剂量可引起轻微的毒性反应;低剂量应不引起亲代及其子代动物的任何毒性反应(可按最大未观察到有害作用剂量的1/30,或人体推荐摄入量的10倍)。

4.4 实验动物处理

4.4.1 受试物的给予

4.4.1.1 试验期间,所有动物应采用相同的方式给予受试物;每日在同一时间段给予受试物,每周7 d。受试物应在交配前连续给予两种性别的各代大鼠至少10周,并继续给予受试物至试验结束,其中子代的雌鼠和雄鼠在断乳后每日给予。各代大鼠给予的受试物剂量(按动物体重给予,mg/kg体重或g/kg体重)、饲料和饮水相同。

4.4.1.2 根据受试物的特性或试验目的,选择合适的给予方式。首选掺入饲料,若受试物加入饲料或饮水中影响动物的适口性,则应选择灌胃给予受试物。

4.4.1.3 受试物灌胃给予,要将受试物溶解或悬浮于合适的溶媒中,首选溶媒为水,不溶于水的受试物可使用植物油(如橄榄油、玉米油等),不溶于水或油的受试物可使用羧甲基纤维素、淀粉等配成混悬液或糊状物等。受试物应新鲜配制,有资料表明其溶液或混悬液储存稳定者除外。应每日在同一时间灌胃1次,每周称体重2次,根据体重调整灌胃体积。灌胃体积一般不超过10 mL/kg体重,如为水溶液时,最大灌胃体积可达20 mL/kg体重;如为油性液体,灌胃体积应不超过4 mL/kg体重;各组灌胃体积一致。

4.4.1.4 受试物掺入饲料或饮水给予,要将受试物与饲料(或饮水)充分混匀并保证该受试物配制的稳定性和均一性,以不影响动物摄食、营养平衡和饮水量为原则,受试物掺入饲料比例一般小于质量分数的5%,若超过5%时(最大不应超过10%),可调整对照组饲料营养素水平(若受试物无热量或营养成分,且添加比例大于5%时,对照组饲料应填充甲基纤维素等,掺入量等同高剂量),使其与剂量组饲料营养素水平保持一致,同时增设未处理对照组;也可视受试物热量或营养成分的状况调整剂量组饲料营养素水平,使其与对照组饲料营养素水平保持一致。受试物剂量单位是每千克体重所摄入受试物的毫克(或克)数,即mg/kg体重(或g/kg体重),当受试物掺入饲料其剂量单位也可表示为mg/kg(或g/kg)饲料,掺入饮水则表示为mg/mL水。受试物掺入饲料时,需将受试物剂量(mg/kg体重)按动物每100 g体重的摄食量折算为受试物饲料浓度(mg/kg饲料)。

4.4.2 交配

每次交配时,每只雌鼠应与从同一受试物组随机选择的单个雄鼠同笼(1∶1交配),直到检测到阴栓,或者经过3个发情期或2周。查到阴栓后应将雌、雄鼠分开,如果经过3个发情期或2周还未进行交配也应将雌雄鼠分开，不再继续同笼。配对同笼的雌雄鼠应作标记。所有雌鼠在交配期应每天检查精子或阴栓，直到证明已交配为止。查到阴栓的当天为受孕 0 d。预计已受孕的雌鼠应分开放入繁殖笼中，孕鼠临产时应提供筑巢的垫料。

4.4.3 每窝仔鼠数量的标准化

将每窝仔鼠于出生后第 4 天调整至相同数量(每窝 8 只～10 只)，尽量做到每窝内雌、雄数量相等，也可以窝内雌、雄数量不等，但各窝之间两性别的鼠数应分别相同。原窝中多余的鼠应随机取出，而不应按体重选择。

4.4.4 观察代数

观察代数随受检目的而异，可作一代、二代、三代或多代观察。如果在两代生殖试验中观察到受试物对子代有明显的生殖、形态或毒性作用，则需要进行第三代生殖毒性试验，进一步观察受试物的生殖毒性作用。

4.5 一代、二代和三代生殖毒性试验法

4.5.1 一代生殖毒性试验法

一代生殖毒性试验示意图见图 1。

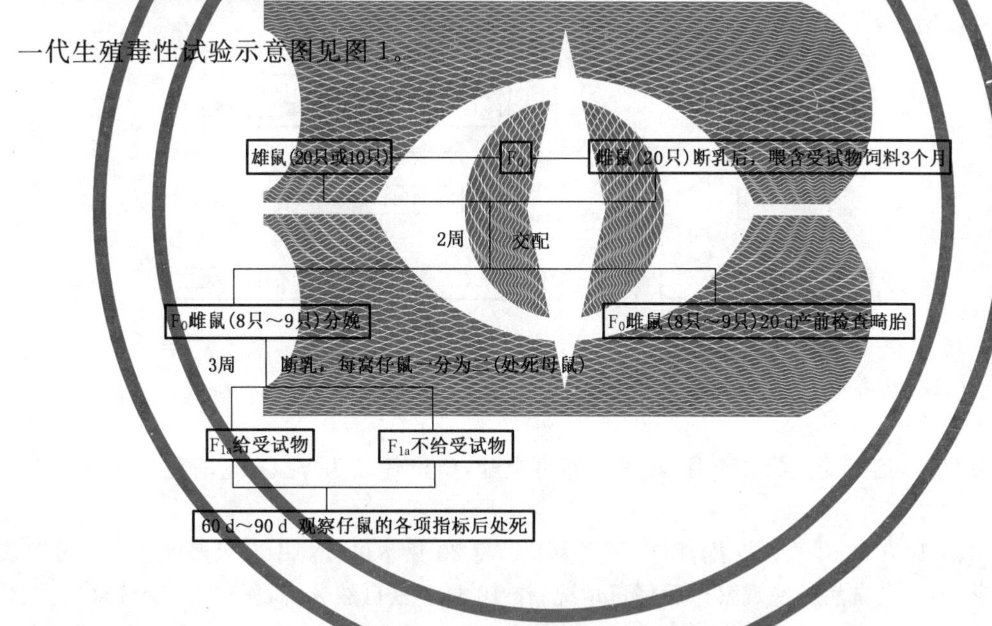

图 1 一代生殖毒性试验示意图

4.5.2 两代生殖毒性试验法

4.5.2.1 两代生殖毒性试验示意图见图 2。

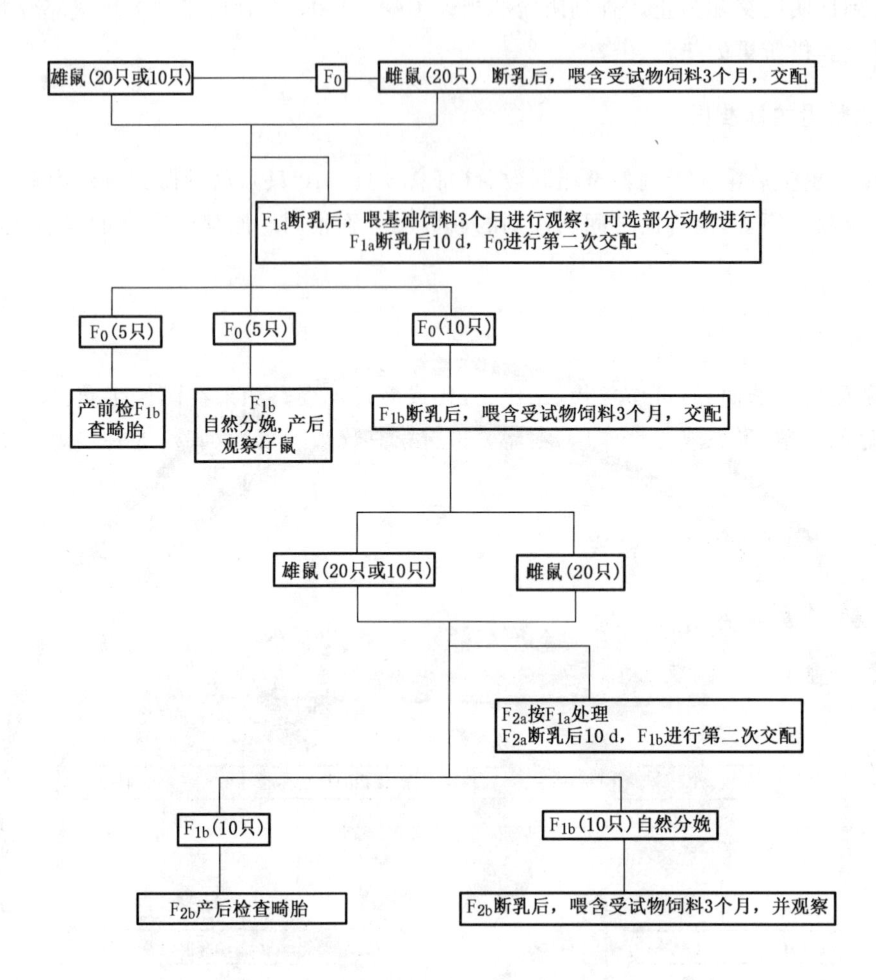

图 2 两代生殖毒性试验示意图

4.5.2.2 F_0 代断乳后，给予受试物 3 个月，雌—雄即可交配，所产仔鼠为 F_{1a}。F_{1a}断乳后不再给予受试物，观察 3 个月。

4.5.2.3 F_{1a}断乳后 10 d 将 F_0 再次交配，所产仔鼠为 F_{1b}，将 20 只孕鼠(F_0)中 5 只产前 2 d～3 d 剖腹检查胎鼠有无畸形；另 5 只自然分娩观察产后仔鼠情况；作 10 只孕鼠自然分娩，所产 F_{1b}继续繁殖。

4.5.2.4 F_{1b}断乳后，给予含受试物饲料 3 个月，进行交配，所产 F_{2a}在断乳后喂不含受试物的饲料，观察 3 个月。

4.5.2.5 F_{2a}断乳后 10 d 将 F_{1b}再次交配，产 F_{2b}前将 F_{1b}孕鼠分两群，每群 10 只，同 4.5.2.3。

4.5.3 三代生殖毒性试验法

三代生殖毒性试验法示意图见图 3。

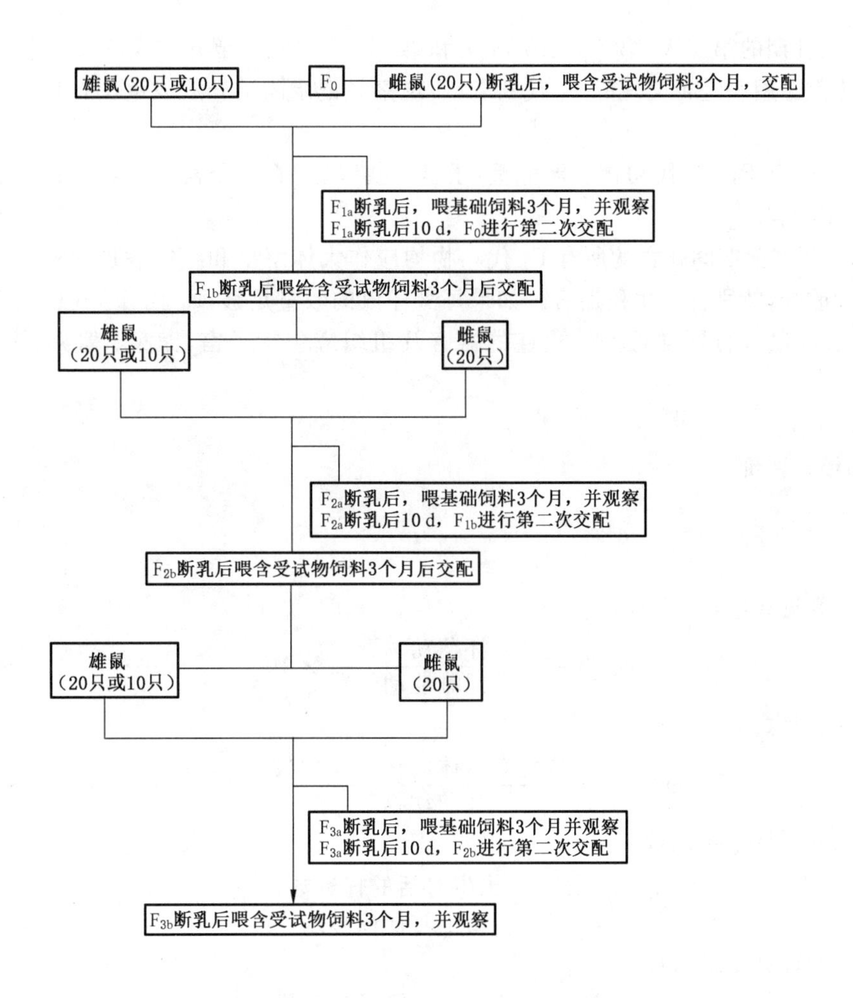

图 3　三代生殖毒性试验示意图

4.5.4　亲代、一代、二代、三代繁殖试验

4.5.4.1　亲代、一代、二代、三代繁殖试验可参考4.5.2.2、4.5.2.3进行。

4.5.4.2　根据情况可繁殖两窝以上。

5　观察指标

5.1　对实验动物做全面的临床检查，记录一般健康状况、受试物的所有的毒性和功效作用所产生的症状、相关的行为改变、分娩困难或延迟的迹象、所有的毒性体征及死亡率，通过每日检查(F_0，F_1代雌鼠)阴道和子宫颈，以及雌鼠的发情周期有无异常。

5.2　F_0、F_1代和F_2代动物在给予受试物的第1天称重，以后每周称重2次，母鼠应在受孕的第0天、第7天、第14天和第21天称重，在哺乳期应同时称仔鼠的窝重。

5.3　在交配前及受孕期，记录每周摄食量，如经饮水给予受试物，还应记录每周饮水量。

5.4　试验结束时，根据试验设计，各代雄鼠均应对附睾的精子进行检查，对精子的形状、数量以及活动能力进行评价。精子的活动能力和精子形态，可只检查对照组和高剂量受试物组的各代雄鼠，每只动物至少检查200个精子。

5.5　在分娩后(哺乳0 d)应尽快检查记录每窝仔鼠的数量、性别、死产数、活产数及肉眼可见的异常，在出生当天死亡的，应尽可能检查其缺陷和死亡原因。记录活产数量、性别，并在出生当天对单个活产仔鼠称重，此后在哺乳期的第 4 天、第 7 天、第 14 天和第 21 天，以及阴道开放或龟头包皮分开和试验结束时对仔鼠进行称重。用来进行交配的 F_1 代断乳鼠，观察并记录阴道开放或龟头包皮分开的日龄，观察性成熟情况。

5.6 试验结束时所有 F_0、F_1 代动物脏器称重：子宫（包括输卵管和子宫颈）、卵巢；睾丸、附睾；脑、肝、肾、脾和已知的靶器官。

5.7 试验结束时和试验期间死亡的所有 F_0 代动物均应作大体解剖和组织病理学检查，观察各种形态结构异常及病理改变，特别注意生殖器官。如果每窝仔鼠的数量足够，F_1 代、F_2 代（和 F_3 代）每窝每种性别至少取 3 只仔鼠进行同样检查。检查的器官及组织应包括子宫、卵巢、睾丸、附睾以及靶器官脏器。

6 数据处理和结果评价

6.1 繁殖指数

受孕率的计算见式(1)：

$$受孕率=\frac{怀孕动物数}{交配雌性动物数}\times 100\% \qquad \cdots\cdots(1)$$

妊娠率的计算见式(2)：

$$妊娠率=\frac{分娩有活体幼仔的动物数}{怀孕动物数}\times 100\% \qquad \cdots\cdots(2)$$

出生活仔率的计算见式(3)：

$$出生活仔率=\frac{出生时活的仔鼠数}{出生时仔鼠总数}\times 100\% \qquad \cdots\cdots(3)$$

出生存活率的计算见式(4)：

$$出生存活率=\frac{产后\ 4\ d\ 仔鼠存活数}{出生时活的仔鼠数}\times 100\% \qquad \cdots\cdots(4)$$

哺乳存活率的计算见式(5)：

$$哺乳存活率=\frac{21\ d\ 断乳时存活的仔鼠数}{出生\ 4\ d\ 后存活的仔鼠数}\times 100\% \qquad \cdots\cdots(5)$$

性别比的计算见式(6)：

$$性别比=\frac{仔鼠出生后雄鼠数}{仔鼠出生后雌鼠数} \qquad \cdots\cdots(6)$$

6.2 数据处理

应将所有的数据和结果以表格形式进行总结，数据可以用表格进行统计，表中应显示每组的实验动物数、交配的雄性动物数、受孕的雌性动物数、各种毒性反应及其出现动物百分数。数据应进行统计分析，可采用适当的统计方法进行处理。

6.3 结果评价

逐一比较受试物组动物与对照组动物繁殖指数是否有显著性差异，以评定受试物有无生殖毒性，并确定其生殖毒性的未观察到有害作用剂量(NOAEL)和最小观察到有害作用剂量(LOAEL)。同时还可根据出现统计学差异的指标（如体重、观察指标、大体解剖和病理组织学检查结果等），进一步估计生殖毒性的作用特点。

7 试验报告

7.1 试验名称、试验单位名称和联系方式、报告编号。

7.2 试验委托单位名称和联系方式、样品受理日期。

7.3 试验开始和结束日期、试验项目负责人、试验单位技术负责人、签发日期。

7.4 试验摘要。

7.5 受试物:名称、批号、剂型、状态(包括感官、性状、包装完整性、标识)、数量、前处理方法、溶媒。

7.6 实验动物:物种、品系、级别、数量、体重、性别、来源(供应商名称、实验动物生产许可证号)、动物检疫、适应情况、饲养环境(温度、相对湿度、实验动物设施使用许可证号)、饲料来源(供应商名称、实验动物饲料生产许可证号)。

7.7 试验方法:试验分组、每组动物数、剂量选择依据、受试物给予途径及期限、观察指标、统计学方法。

7.8 试验结果:

a) 按性别和剂量组分别记录的毒性反应,包括繁殖、妊娠和发育能力的异常;

b) 试验期动物死亡的时间或试验动物是否生存到试验结束;

c) 每窝仔鼠的体重和仔鼠的平均体重,以及试验后期单只仔鼠的重量;

d) 任何有关繁殖,仔鼠及其生长发育的毒性和其他健康损害效应;

e) 观察到的各种异常症状的出现时间和持续过程;

f) 亲代(F_0)和选作交配的子代动物的体重数据;

g) 病理大体解剖的发现;

h) 病理组织学检查结果的详细描述;

i) 结果的统计处理。

7.9 试验结论:受试物生殖毒作用的特点,剂量反应关系,并得出生殖毒性的 NOAEL 和(或)LOAEL 结论等。

8 试验的解释

生殖毒性试验检验动物经口重复暴露于受试物产生的对雄性和雌性生殖功能的损害及对后代的有害影响,并从剂量-效应和剂量-反应关系的资料,得出 LOAEL 和 NOAEL。试验结果应该结合亚慢性试验、致畸试验、毒物动力学及其他试验结果综合解释。由于动物和人存在物种差异,故试验结果外推到人存在一定的局限性,但也能为初步确定人群的允许接触水平提供有价值的信息。

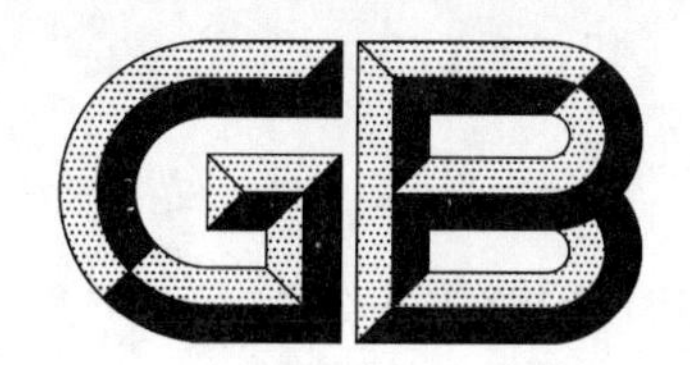

中华人民共和国国家标准

GB 15193.16—2014

食品安全国家标准
毒物动力学试验

2014-12-24 发布　　　　2015-05-01 实施

中华人民共和国
国家卫生和计划生育委员会　发布

前　言

本标准代替 GB 15193.16—2003《代谢试验》。

本标准与 GB 15193.16—2003 相比，主要修改如下：

——标准名称修改为“食品安全国家标准　毒物动力学试验”；

——修改了范围；

——增加了术语和定义；

——修改了试验目的和原理；

——修改了仪器和试剂；

——增加了试验方法；

——删除了生物转化；

——删除了同位素实验中的注意事项；

——删除了对生物样品中受试物分析方法的要求；

——删除了结果判定；

——增加了数据处理和结果评价；

——增加了试验报告；

——增加了试验的解释。

食品安全国家标准

毒物动力学试验

1 范围

本标准规定了毒物动力学试验的基本试验方法和技术要求。

本标准适用于评价受试物的毒物动力学过程。

2 术语和定义

2.1 受试物

用于测试的物品,专指符合毒物动力学试验要求的供试品。

2.2 毒物动力学

受试物在体内吸收、分布、生物转化和排泄等过程随时间变化的动态特性。

2.3 吸收

受试物从给予部位通常是机体的外表面或内表面的生物膜转运至血循环的过程。

2.4 分布

受试物通过吸收进入血液和体液后在体内循环和分配的过程。

2.5 代谢

受试物在体内经酶促或非酶促反应,结构发生改变的过程。

2.6 排泄

受试物和(或)其代谢物从身体被清除过程。

2.7 生物利用度

受试物被机体吸收利用的程度。

2.8 速率过程

经毒物动力学过程受试物的量在单位时间内的变化率,一般用单位时间过程进行的变化量表示过程的速率。毒物动力学的速率过程包括零级、一级和非线性 3 种类型。

2.9 浓度-时间曲线

以给予受试物后时间为横坐标,以受试物的血液浓度为纵坐标所作的算术坐标图,反映受试物在体内的处置状态、受试物含量的经时变化和速率,该曲线下的面积反映了进入体循环的受试物含量。

2.10 表观分布容积

当体内受试物分布达动态平衡后，假设体内流体中的受试物浓度均一地与血浆中的受试物浓度一样，这样溶解体内受试物量所需的流体容积就是表观分布容积。它以体内受试物量与血浆受试物浓度的比值表示。

2.11 机体总清除率

受试物通过代谢和(或)排泄的方式从体内清除的速度；即单位时间内受试物从体内清除的表观分布容积的分数。

2.12 消除半衰期

体内血中受试物浓度下降一半所需要的时间，它是表示受试物消除速率的参数。

2.13 峰浓度

受试物给予后血中能够达到的最大浓度。

2.14 峰时间

受试物给予后达到最大血浓度的时间。

3 试验目的和原理

对一组或几组试验动物分别通过适当的途径一次或在规定的时间内多次给予受试物。然后测定体液、脏器、组织、排泄物中受试物和(或)其代谢产物的量或浓度的经时变化。进而求出有关的毒物动力学参数，探讨其毒理学意义。

4 仪器和试剂

4.1 根据试验需要，配备紫外分光光度计、荧光分光光度计、薄层层析仪、气相色谱仪、高效液相色谱仪、气质或液质联用仪等设备。

4.2 放射性测量仪器。

4.3 实验室常用仪器与试剂。

5 试验方法

5.1 受试物的基本信息

应提供受试物的名称、CAS 号、批号、来源、纯度、性状、理化性质、储存条件及配制方法等有关资料。

5.2 实验动物

5.2.1 动物种、系的选择

实验动物的选择应符合 GB 14922.1 和 GB 14922.2 的有关规定。尽可能选用与其他毒理学试验相同的种、系，并能出现受试物的典型毒作用的动物。一般首选大鼠，周龄一般为 6 周～12 周，但若有证据证明其代谢途径与人类接近，应选择相应的动物。一般应选用年轻、健康的成年动物。选用啮齿类动物时，试验开始时动物体重的差异不应超过平均体重的±20%。选择其他动物应说明其理由。

5.2.2 性别和数量

对实验动物的性别不作特殊规定，如毒理学研究表明毒性有明显的性别差异时，应设不同的性别组。一般情况下，雌性动物应选用未产过仔和非妊娠的；每一试验组不应少于5只动物，在非啮齿类动物的试验中，动物数量可酌情减少。

5.2.3 动物饲养

试验前动物在实验动物房至少应进行3 d～5 d环境适应和检疫观察。实验动物饲养条件、饮用水、饲料应符合国家标准和有关规定(实验动物饲养条件应符合GB 14925、饮用水应符合GB 5749、饲料应符合GB 14924的有关规定)。

5.3 剂量

试验中至少需要选用两个剂量水平，每个剂量水平应使其受试物或受试物的代谢产物足以在排泄物中测出。剂量设置时应充分考虑现有的毒理学资料所提供的信息。如果缺乏相应的毒理学资料，则高剂量水平应低于LD_{50}，或低于急性毒性剂量范围的较低值。低剂量水平应该是高剂量水平的一部分。

如果试验中仅设置一个剂量水平，该剂量理论上应使其受试物或受试物的代谢产物足以在排泄物中测出，并不产生明显的毒性，同时应提供合理的理由说明不设置两个剂量水平的原因。

5.4 试验步骤和观察指标

5.4.1 受试物的准备

受试物的纯度不应低于98%。试验可采用“未标记的”或“标记”受试物。如果使用放射性同位素标记的受试物，其放射化学纯度不应低于95%，且应将放射性同位素标记在受试物分子的骨架上或具有重要功能的基团上。

5.4.2 受试物给予途径

当选用溶媒或其他介质时，受试物应充分溶解或均匀悬浮其中，所选溶媒或介质对受试物毒物动力学不产生任何影响。一般采用灌胃的途径，某些情况下还可以采用吞服胶囊、掺入饲料的方式给予受试物。

采用静脉注射给予受试物，应选择合适的注射部位和注射量给予受试物，所选溶媒或介质应不影响血液的完整性或血流量。

5.4.3 生物样品分析方法的建立和确证

5.4.3.1 由于生物样品一般来自全血、血清、血浆、尿液、器官或组织等，具有取样量少、受试物浓度低、干扰物质多以及个体差异大等特点，因此必须根据受试物的结构、生物介质和预期的浓度范围，建立灵敏、特异、精确、可靠的生物样品定量分析方法，并对方法进行确证。

5.4.3.2 生物样品分析方法有：

a) 色谱法：气相色谱法(GC)、高效液相色谱法(HPLC)、色谱-质谱联用法(LC-MS、LC-MS-MS，GC-MS，GC-MS-MS)，生物样品分析一般首选色谱法；
b) 免疫学方法：放射免疫分析法、酶免疫分析法、荧光免疫分析法等；

c) 微生物学方法；

d) 同位素示踪法。

对方法进行确证一般应进行以下几方面的考察：

a) 特异性：必须证明待测物是预期的分析物，内源性物质和其他代谢物不得干扰样品的测定。对于色谱法至少要分析6个不同个体空白生物样品色谱图、空白生物样品外加对照物质色谱图及给予受试物后的生物样品色谱图。

b) 标准曲线与定量范围：根据待测物的浓度与响应的相关性，用回归分析方法（如用加权最小二乘法）获得标准曲线。标准曲线高低浓度范围为定量范围，在定量范围内浓度测定结果应达到试验要求的精密度和准确度。

c) 精密度与准确度：要求选择3个不同浓度的质控样品同时进行方法的精密度和准确度的考察。低浓度选择在定量下限附近，其浓度在定量下限的3倍以内；高浓度接近于标准曲线的上限；中间选一个浓度。

d) 定量下限：定量下限是标准曲线上的最低浓度点，要求至少能满足测定3个～5个消除半衰期时样品中的受试物浓度，或峰浓度的1/10～1/20时的受试物浓度，其准确度应在真实浓度的80%～120%范围内，批内和批间相对标准差应小于20%。

e) 样品稳定性：根据具体情况，对含受试物的生物样品在室温、冰冻或冻融条件下以及不同存放时间进行稳定性考察，以确定生物样品的存放条件和时间。还应注意储备液的稳定性以及样品处理后的溶液中分析物的稳定性。

f) 提取回收率：应考察高、中、低3个浓度的提取回收率，其结果应精密和可重现。

5.4.4 观察指标

5.4.4.1 血中受试物浓度-时间曲线

5.4.4.1.1 受试动物数

动物给予受试物后选择9个～11个不同的时间点采血，每个时间点的动物数不应少于5只。最好从同一动物个体多次取样。如由多只动物的数据共同构成一条血中受试物浓度-时间曲线，应相应增加动物数，以反映个体差异对试验结果的影响。

5.4.4.1.2 采样点

给予受试物前需要采血作为空白样品。为获得给予受试物后的一个完整的血中受试物浓度-时间曲线，采样时间点的设计应兼顾受试物的吸收相、分布相（峰浓度附近）和消除相。整个采样时间至少应持续到3个～5个消除半衰期，或持续到血中受试物浓度为峰浓度的1/10～1/20。

5.4.4.1.3 毒物动力学参数

根据试验中测得的各受试动物的血中受试物浓度-时间数据，求得受试物的主要毒物动力学参数。静脉注射给予受试物，应提供消除半衰期、表观分布容积、曲线下面积、机体总清除率等参数值；血管外给予受试物，除提供上述参数外，尚应提供峰浓度和峰时间等参数，以反映受试物吸收的规律。

5.4.4.1.4 单次给予受试物

单次给予不同剂量的受试物（或其放射性同位素标记物）后，于不同时间测定血浆或全血中受试物浓度（或总放射活性强度），提供各个受试动物的血中受试物浓度-时间数据和曲线及其平均值、标准差及其曲线；各个受试动物的主要毒物动力学参数及平均值、标准差。

5.4.4.1.5 重复多次给予受试物

重复多次给予受试物，应结合单次试验进行，一般选取一个剂量多次给予受试物，至少提供3次稳态的受试物的谷浓度，达稳态后进行末次给予受试物试验。于不同时间测定血浆或全血中受试物浓度或总放射活性强度，与单次给予受试物相比，确定重复多次给予受试物时的毒物动力学特征。

5.4.4.2 吸收

受试物吸收的程度和速率取决于受试物的给予途径。一般认为静脉注射给予受试物时母体化学物的瞬时吸收率计为100%，经口给予受试物时应确定达峰浓度、达峰时间和曲线下面积。分析母体化学物浓度与时间变化曲线可以确定经口给予受试物的吸收常数。

生物利用度为经口给予受试物的曲线下面积与静脉注射曲线下面积的比值。

5.4.4.3 分布

选择合适的受试物剂量给予实验动物后，根据受试物的理化性质和毒性特点测定其在血液、心、肝、脾、肺、肾、胃肠道、生殖腺、脑、体脂、骨骼肌等组织的浓度，以了解受试物在体内的主要分布器官组织。特别关注受试物浓度高、蓄积时间长的组织和器官，以及在毒性靶器官的分布。参考血中受试物浓度-时间曲线的变化趋势，选择至少3个时间点分别代表吸收相、分布相和消除相的受试物分布。若某组织的受试物浓度较高，应增加观测点，进一步研究该组织中受试物消除的情况。每个时间点，至少应有5个动物的数据。

进行组织分布试验，应注意取样的代表性和一致性。

同位素标记物的组织分布试验，应提供标记受试物的放射化学纯度、标记率(比活性)、标记位置、给予受试物剂量等参数；提供放射性测定所采用的详细方法；提供采用放射性示踪生物学试验的详细过程，以及在生物样品测定时对放射性衰变所进行的校正方程等。在试验条件允许的情况下，尽可能提供给予受试物后不同时相的整体放射自显影图像。

5.4.4.4 代谢

应采用适当的技术分析生物样本，以确定受试物的代谢途径和程度。应阐明代谢产物的结构。体外试验也有助于获取受试物代谢途径方面的信息。

5.4.4.5 排泄

在排泄试验中，选定合适的剂量给予受试物后，按一定的时间间隔分段收集尿样、粪便、呼出气，测定受试物浓度，计算受试物经此途径排泄的速率及排泄量。必要时还应收集胆汁检测经此途径排泄的速率及排泄量。

在给予受试物剂量至少90%已被消除、或在上述收集到的样品中已检测不到受试物、或检测时间长达7d，可停止排泄物的收集。若呼出气中受试物和(或)代谢产物浓度≤1%，可停止对动物呼出气体的收集。

记录受试物自粪、尿、呼出气等排泄的速率及总排泄量，提供受试物在动物体内的物质平衡的数据。

6 数据处理和结果评价

根据具体的试验类型，将数据汇总。选择科学合理的数据处理及统计学方法，并说明所用软件的名称、版本和来源。

7 试验报告

7.1 试验名称、试验单位名称和联系方式、报告编号。

7.2 试验委托单位名称和联系方式、样品受理日期。

7.3 试验开始和结束日期、试验项目负责人、试验单位技术负责人、签发日期。

7.4 试验摘要。

7.5 受试物：名称、批号、剂型、状态(包括感官、性状、包装完整性、标识)、数量、前处理方法、溶媒。

7.6 实验动物：物种、品系、级别、数量、体重、性别、来源(供应商名称、实验动物生产许可证号)，动物检疫、适应情况，饲养环境(温度、相对湿度、实验动物设施使用许可证号)，饲料来源(供应商名称、实验动物饲料生产许可证号)。

7.7 试验方法：试验分组、每组动物数、剂量选择依据、受试物给予途径及期限、观察指标、统计学方法。

7.8 试验结果：

a) 用表格形式汇集试验数据，内容应包括不同剂量组每只动物的编号、性别、染毒剂量、体重、给予受试物前后生物材料中受试物及其代谢产物的测定值(或放射活性强度)等原始数据；

b) 计算各剂量组上述测定值的均值及标准差；

c) 绘制不同剂量条件下的受试物浓度-时间曲线；

d) 计算不同剂量条件下与吸收、分布、代谢、排泄有关的各项毒物动力学参数；

e) 对进行代谢研究的，给出代谢产物的化学结构，并提出代谢途径；

f) 对试验数据、曲线拟合的计算结果用适当的统计学方法处理。

8 试验的解释

根据试验结果，对受试物进入机体的途径、吸收速率和程度，受试物及其代谢产物在脏器、组织和体液中的分布特征，生物转化的速率和程度，主要代谢产物的生物转化通路，排泄的途径、速率和能力，受试物及其代谢产物在体内蓄积的可能性、程度和持续时间做出评价。结合相关学科的知识对各种毒物动力学参数进行毒理学意义的评价。

中华人民共和国国家标准

GB 15193.17—2015

食品安全国家标准
慢性毒性和致癌合并试验

2015-08-07 发布　　2015-10-07 实施

中华人民共和国
国家卫生和计划生育委员会　发布

前　言

本标准代替 GB 15193.17—2003《慢性毒性和致癌试验》。

本标准与 GB 15193.17—2003 相比，主要变化如下：

——标准名称修改为“食品安全国家标准　慢性毒性和致癌合并试验”；

——修改和调整了总体体例结构；

——修改了标准适用范围；

——增加了“最小观察到有害作用剂量”、“最大耐受剂量”和“卫星组”的术语和定义，修改了“最大未观察到有害作用剂量”、“慢性毒性”、“致癌性”和“靶器官”的术语和定义；

——修改了对试验目的和原理的表述；

——增加了“仪器和试剂”内容；

——修改了对“实验动物”的要求，增加“动物准备”和“动物饲养”内容；

——修改了“剂量及分组”的要求；

——增加了受试物经灌胃、掺入饲料或饮水给予的具体要求；

——修改了“试验期限”内容；

——修改了对试验观察指标（一般观察、血液学检查、血生化检查、病理学检查）的要求，增加体重、摄食量及饮水量、眼部检查、尿液检查和其他指标内容；

——删除了“资料搜集”内容；

——修改了“数据处理”内容，增加了“结果评价”内容；

——修改和增加了对试验报告的要求；

——增加了“试验的解释”内容。

食品安全国家标准
慢性毒性和致癌合并试验

1 范围

本标准规定了慢性毒性和致癌合并试验的基本试验方法和技术要求。

本标准适用于评价受试物的慢性毒性和致癌性作用。

2 术语和定义

2.1 慢性毒性

实验动物经长期重复给予受试物所引起的毒性作用。

2.2 致癌性

实验动物经长期重复给予受试物所引起的肿瘤(良性和恶性)病变发生。

2.3 未观察到有害作用剂量

通过动物试验,以现有的技术手段和检测指标未观察到任何与受试物有关的毒性作用的最大剂量。

2.4 最小观察到有害作用剂量

在规定的条件下,受试物引起实验动物组织形态、功能、生长发育等有害效应的最小作用剂量。

2.5 靶器官

实验动物出现由受试物引起明显毒性作用的器官。

2.6 最大耐受剂量

由90天经口毒性试验确定的剂量,此剂量应使动物体重减轻不超过对照组的10%,并且不产生由非肿瘤因素引起的死亡及导致缩短寿命的中毒体征或病理损伤。

2.7 卫星组

毒性研究设计和实施中外加的动物组,其处理和饲养条件与主要研究的动物相似,用于试验中期或试验结束恢复期观察和检测,也可用于不包括在主要研究内的其他指标及参数的观察和检测。

3 试验目的和原理

确定在实验动物的大部分生命期间,经口重复给予受试物引起的慢性毒性和致癌效应,了解受试物慢性毒性剂量-反应关系、肿瘤发生率、靶器官、肿瘤性质、肿瘤发生时间和每只动物肿瘤发生数,确定慢性毒性的未观察到有害作用剂量(NOAEL)和最小观察到有害作用剂量(LOAEL),为预测人群接触该受试物的慢性毒性和致癌作用以及最终评定该受试物能否应用于食品提供依据。

4 仪器和试剂

4.1 仪器与器械

实验室常用解剖器械、动物天平、电子天平、生物显微镜、生化分析仪、血细胞分析仪、血液凝固分析仪、尿液分析仪、离心机、切片机等。

4.2 试剂

甲醛、二甲苯、乙醇、苏木素、伊红、石蜡、血球稀释液、生化试剂、血凝分析试剂、尿分析试剂等。

5 试验方法

5.1 受试物

受试物应使用原始样品，若不能使用原始样品，应按照受试物处理原则对受试物进行适当处理。将受试物掺入饲料、饮用水或灌胃给予。

5.2 实验动物

5.2.1 动物选择

实验动物的选择应符合国家标准和有关规定(GB 14923、GB 14922.1、GB 14922.2)。应选择肿瘤自发率低的动物种属和品系，首选大鼠，一般周龄 6 周～8 周。试验开始时每个性别动物体重差异不应超过平均体重的±20%。每组动物数至少 120 只(包括慢性毒性试验 20 只，致癌试验 100 只)，雌雄各半，雌鼠应为非经产鼠、非孕鼠。若计划试验中期剖检或慢性毒性试验结束做恢复期的观察(卫星组)，应增加动物数(中期剖检每组至少 20 只，雌雄各半，慢性毒性试验期限通常为 12 个月，其数据可作为致癌试验的中期剖检数据；卫星组通常仅增加对照组和高剂量组，每组至少 20 只，雌雄各半)。对照组动物性别和数量应与受试物组相同。

5.2.2 动物准备

试验前动物在实验动物房应至少进行 3 d～5 d 环境适应和检疫观察。

5.2.3 动物饲养

实验动物饲养条件、饮用水、饲料应符合国家标准和有关规定(GB 14925、GB 5749、GB 14924.1、GB 14924.2、GB 14924.3)。试验期间动物自由饮水和摄食，可按组分性别分笼群饲，每笼动物数(一般不超过 3 只)应满足实验动物最低需要的空间，以不影响动物自由活动和观察动物的体征为宜。试验期间每组动物非试验因素死亡率应小于 10%，濒死动物应尽可能进行血液生化指标检测、大体解剖以及病理组织学检查，每组生物标本损失率应小于 10%。

5.3 剂量及分组

5.3.1 试验至少设 3 个受试物组、1 个阴性(溶媒)对照组，对照组除不给予受试物外，其余处理均同受试物组。必要时增设未处理对照组。

5.3.2 高剂量应选择最大耐受剂量，原则上应使动物出现比较明显的毒性反应，但不引起过高死亡率；低剂量不引起任何毒性效应；中剂量应介于高剂量与低剂量之间，可引起轻度的毒性效应。一般剂量的组间距以 2 倍～4 倍为宜，不超过 10 倍。

5.4 试验期限

5.4.1 慢性毒性试验试验期限至少12个月，卫星组监测由受试物引起的任何毒性改变的可逆性、持续性或延迟性作用，停止给受试物后观察期限不少于28 d，不多于试验期限的1/3。致癌试验试验期限为24个月，个别生命期较长和自发性肿瘤率较低的动物可适当延长。

5.4.2 试验期间，当最低剂量组或对照组存活的动物数仅为开始时的25%时（雌、雄性动物分别计算），可及时终止试验。高剂量组动物因明显的受试物毒性作用出现早期死亡，不应终止试验。

5.5 试验步骤和观察指标

5.5.1 受试物给予

5.5.1.1 根据受试物的特性和试验目的，选择受试物掺入饲料、饮水或灌胃方式给予。若受试物影响动物适口性，应灌胃给予。

5.5.1.2 受试物灌胃给予，要将受试物溶解或悬浮于合适的溶媒中，首选溶媒为水，不溶于水的受试物可使用植物油（如橄榄油、玉米油等），不溶于水或油的受试物可使用羧甲基纤维素、淀粉等配成混悬液或糊状物等。受试物应现用现配，有资料表明其溶液或混悬液储存稳定者除外。同时应考虑使用的溶媒可能对受试物被机体吸收、分布、代谢和蓄积的影响；对受试物理化性质的影响及由此而引起的毒性特征的影响；对动物摄食量或饮水量或营养状况的影响。为保证受试物在动物体内浓度的稳定性，每日同一时段灌胃1次（每周灌胃6 d），试验期间，前4周每周称体重2次，第5周～第13周每周称体重1次，之后每4周称体重1次，按体重调整灌胃体积。灌胃体积一般不超过10 mL/kg体重；如为油性液体，灌胃体积应不超过4 mL/kg体重。各组灌胃体积一致。

5.5.1.3 受试物掺入饲料或饮水给予，要将受试物与饲料（或饮水）充分混匀并保证该受试物配制的稳定性和均一性，以不影响动物摄食、营养平衡和饮水量为原则。饲料中加入受试物的量很少时，宜先将受试物加入少量饲料中充分混匀后，再加入一定量饲料混匀，如此反复3次～4次。受试物掺入饲料比例一般小于质量分数的5%，若超过5%时（最大不应超过10%），可调整对照组饲料营养素水平（若受试物无热量或营养成分，且添加比例大于5%时，对照组饲料应填充甲基纤维素等，掺入量等同高剂量），使其与受试物各剂量组饲料营养素水平保持一致，同时增设未处理对照组；也可视受试物热量或营养成分的状况调整剂量组饲料营养素水平，使其与对照组饲料营养素水平保持一致。受试物剂量单位是每千克体重所摄入受试物的毫克（或克）数，即mg/kg体重（或g/kg体重），受试物掺入饲料的剂量单位也可表示为mg/kg（或g/kg）饲料，掺入饮水则表示为mg/mL水。受试物掺入饲料时，需将受试物剂量（mg/kg体重）按动物每100 g体重的摄食量折算为受试物饲料浓度（mg/kg饲料）。

5.5.2 一般观察

5.5.2.1 试验期间至少每天观察1次动物的一般临床表现，并记录动物出现中毒的体征、程度和持续时间及死亡情况。观察内容包括被毛、皮肤、眼、黏膜、分泌物、排泄物、呼吸系统、神经系统、自主活动（如：流泪、竖毛反应、瞳孔大小、异常呼吸）及行为表现（如步态、姿势、对处理的反应、有无强直性或阵挛性活动、刻板反应、反常行为等）。

5.5.2.2 应特别注意肿瘤的发生，记录肿瘤发生时间、发生部位、大小、形状和发展等情况。

5.5.2.3 对濒死和死亡动物应及时解剖并尽量准确记录死亡时间。

5.5.3 体重、摄食量及饮水量

试验期间前13周每周记录动物体重、摄食量或饮水量（当受试物经饮水给予时），之后每4周1次。试验结束时，计算动物体重增长量、总摄食量、食物利用率（前3个月）、受试物总摄入量。

5.5.4 眼部检查

试验前，对动物进行眼部检查(角膜、球结膜、虹膜)，试验结束时，对高剂量组和对照组动物进行眼部检查，若发现高剂量组动物有眼部变化，则应对其他组动物进行检查。

5.5.5 血液学检查

5.5.5.1 试验第3个月、第6个月和第12个月进行血液学检查，必要时，试验第18个月和试验结束时也可进行，每组至少检查雌雄各10只动物，每次检查应尽可能使用同一动物。如果90天经口毒性试验的剂量水平相当且未见任何血液学指标改变，则试验第3个月可不检查。

5.5.5.2 检查指标包括白细胞计数及分类(至少三分类)、红细胞计数、血小板计数、血红蛋白浓度、红细胞压积、红细胞平均容积(MCV)、红细胞平均血红蛋白量(MCH)、红细胞平均血红蛋白浓度(MCHC)、凝血酶原时间(PT)、活化部分凝血活酶时间(APTT)等。如果对造血系统有影响，应加测网织红细胞计数和骨髓涂片细胞学检查。

5.5.6 血生化检查

5.5.6.1 按5.5.5.1规定的时间和动物数进行。如果90天经口毒性试验的剂量水平相当且未见任何血生化指标改变，则试验第3个月可不检查。采血前宜将动物禁食过夜。

5.5.6.2 检查指标包括电解质平衡，糖、脂和蛋白质代谢，肝(细胞、胆管)肾功能等方面。至少包含丙氨酸氨基转移酶(ALT)、门冬氨酸氨基转移酶(AST)、碱性磷酸酶(ALP)、谷氨酰转肽酶(GGT)、尿素(Urea)、肌酐(Cr)、血糖(Glu)、总蛋白(TP)、白蛋白(Alb)、总胆固醇(TC)、甘油三酯(TG)、钙、氯、钾、钠、总胆红素等，必要时可检测磷、尿酸(UA)、总胆汁酸(TBA)、球蛋白、胆碱酯酶、山梨醇脱氢酶、高铁血红蛋白、特定激素等指标。

5.5.7 尿液检查

5.5.7.1 试验第3个月、第6个月和第12个月进行尿液检查，必要时，试验第18个月及试验结束时也可进行，每组至少检查雌雄各10只动物。如果90天经口毒性试验的剂量水平相当且未见任何尿液检查结果异常，则试验第3个月可不检查。

5.5.7.2 检查项目包括外观、尿蛋白、相对密度、pH、葡萄糖和潜血等，若预期有毒反应指征，应增加尿液检查的有关项目，如尿沉渣镜检、细胞分析等。

5.5.8 病理检查

5.5.8.1 大体解剖

所有试验动物，包括试验过程中死亡或濒死而处死的动物及试验期满处死的动物都应进行解剖和全面系统的肉眼观察，包括体表、颅、胸、腹腔及其脏器，并称量脑、心脏、肝脏、肾脏、脾脏、子宫、卵巢、睾丸、附睾、胸腺、肾上腺的绝对重量，计算相对重量[脏/体比值和(或)脏/脑比值]，必要时还应选择其他脏器，如甲状腺(包括甲状旁腺)、前列腺等。

5.5.8.2 组织病理学检查

5.5.8.2.1 组织病理学检查的原则(重点检查肿瘤和癌前病变)：

a) 先对高剂量组和对照组动物所有固定保存的器官和组织进行组织病理学检查；
b) 发现高剂量组病变后再对较低剂量组相应器官和组织进行组织病理学检查；
c) 对大体解剖检查肉眼可见的病变器官和组织进行组织病理学检查；

d) 试验过程中死亡或濒死而处死的动物，应对全部保存的组织和器官进行组织病理学检查；

e) 成对的器官，如肾、肾上腺等，两侧器官均应进行组织病理学检查。

5.5.8.2.2 应固定保存以供组织病理学检查的器官和组织包括唾液腺、食管、胃、十二指肠、空肠、回肠、盲肠、结肠、直肠、肝脏、胰腺、脑（包括大脑、小脑和脑干）、垂体、坐骨神经、脊髓（颈、胸和腰段）、肾上腺、甲状旁腺、甲状腺、胸腺、气管、肺、主动脉、心脏、骨髓、淋巴结、脾脏、肾脏、膀胱、前列腺、睾丸、附睾、子宫、卵巢、乳腺等。必要时可加测精囊腺和凝固腺、副泪腺、任氏腺、鼻甲、子宫颈、输卵管、阴道、骨、肌肉、皮肤和眼等组织器官。应有组织病理学检查报告，病变组织给出病理组织学照片。

5.5.9 其他指标

必要时，根据受试物的性质及所观察的毒性反应，增加其他指标（如神经毒性、免疫毒性、内分泌毒性指标）。

6 数据处理和结果评价

6.1 数据处理

6.1.1 应将所有的数据和结果以表格形式进行总结，列出各组试验开始前的动物数、试验期间动物死亡数及死亡时间、出现肿瘤及其他毒性反应的动物数，描述肿瘤发生部位、数量、性质、癌前病变及肿瘤潜伏期，描述所见的其他毒性反应，包括出现毒效应的时间、持续时间及程度。

6.1.2 肿瘤发生率是整个试验结束时患肿瘤动物数在有效动物总数中所占的百分率。有效动物总数指最早发现肿瘤时存活动物总数。

肿瘤发生率的计算见式(1)：

$$\text{肿瘤发生率} = \frac{\text{试验结束时患肿瘤动物数}}{\text{有效动物总数}} \times 100\% \quad \cdots\cdots\cdots\cdots (1)$$

6.1.3 肿瘤潜伏期即从摄入受试物起到发现肿瘤的时间。因为内脏肿瘤不易觉察，通常将肿瘤引起该动物死亡的时间定为发生肿瘤的时间。

6.1.4 对动物体重、摄食量、饮水量（受试物经饮水给予）、食物利用率、血液学指标、血生化指标、尿液检查指标、脏器重量、脏/体比值和(或)脏/脑比值、大体和组织病理学检查、患肿瘤的动物数、每只动物肿瘤发生数、各种肿瘤（良性和恶性）的数量、肿瘤发生率及肿瘤潜伏期等结果进行统计学分析。一般情况，计量资料采用方差分析，进行受试物各剂量组与对照组之间均数比较，分类资料采用 Fisher 精确分布检验、卡方检验、秩和检验，等级资料采用 Ridit 分析、秩和检验等。

6.2 结果评价

6.2.1 慢性毒性试验结果评价应包括受试物慢性毒性的表现、剂量-反应关系、靶器官、可逆性，得出慢性毒性相应的 NOAEL 和(或)LOAEL。

6.2.2 致癌试验阴性结果确立的前提是大鼠在试验期为 18 个月时，各组动物存活率不小于 50%；大鼠在试验期为 24 个月时，各组动物存活率不小于 25%。

6.2.3 致癌试验阳性结果的判断采用世界卫生组织（WHO）提出的标准[WHO(1969)，Principles for the testing and evaluation of drug for carcinogenicity. WHO Technical Report Series 426]，符合以下任何一条，可判定受试物为对大鼠的致癌物：

a) 肿瘤只发生在试验组动物，对照组中无肿瘤发生；

b) 试验组与对照组动物均发生肿瘤，但试验组发生率高；

c) 试验组动物中多发性肿瘤明显，对照组中无多发性肿瘤，或只是少数动物有多发性肿瘤；

d) 试验组与对照组动物肿瘤发生率虽无明显差异，但试验组中发生时间较早。

7 报告

7.1 试验名称、试验单位名称和联系方式、报告编号。

7.2 试验委托单位名称和联系方式、样品受理日期。

7.3 试验开始和结束日期、试验项目负责人、试验单位技术负责人、签发日期。

7.4 试验摘要。

7.5 受试物:名称、批号、剂型、状态(包括感官、性状、包装完整性、标识)、数量、前处理方法、溶媒。

7.6 实验动物:物种、品系、级别、数量、体重、周龄、性别、来源(供应商名称、实验动物生产许可证号),动物检疫、适应情况,饲养环境(温度、相对湿度、实验动物设施使用许可证号),饲料来源(供应商名称、实验动物饲料生产许可证号)。

7.7 试验方法:试验分组、每组动物数、剂量选择依据、受试物给予途径及期限、观察指标、统计学方法。

7.8 试验结果:动物生长活动情况、毒性反应特征(包括出现的时间和转归)、体重增长、摄食量、饮水量(受试物经饮水给予)、食物利用率、临床观察(毒性反应体征、程度、持续时间,存活情况)、眼部检查、血液学检查、血生化检查、尿液检查、大体解剖、脏器重量、脏/体比值和(或)脏/脑比值、病理组织学检查、肿瘤发生部位、肿瘤数量、肿瘤性质、癌前病变、肿瘤发生率、肿瘤潜伏期、神经毒性或免疫毒性检查结果。如受试物经掺入饲料或掺入饮水给予,报告各剂量组实际摄入剂量。

7.9 试验结论:受试物长期经口毒效应和致癌效应,剂量-反应关系、靶器官和可逆性,确定慢性毒性NOAEL和(或)LOAEL结论,得出致癌结论等。

8 试验的解释

由于动物和人存在种属差异,试验结果外推到人或用于风险评估具有一定的局限性。慢性毒性NOAEL和LOAEL能为确定人群的健康指导值提供有价值的信息。

中华人民共和国国家标准

GB 15193.18—2015

食品安全国家标准
健康指导值

2015-08-07 发布　　　　　　　　　　2015-10-07 实施

中华人民共和国
国家卫生和计划生育委员会　发布

前言

本标准代替 GB 15193.18—2003《日容许摄入量(ADI的制定)》。

本标准与 GB 15193.18—2003 相比，主要变化如下：

——标准名称修改为“食品安全国家标准　健康指导值”；

——修改了标准的范围；

——修改了术语和定义；

——增加了“健康指导值”；

——修改了 ADI 制定概述；

——删除了“制定日容许摄入量的一些特例”。

食品安全国家标准

健康指导值

1 范围

本标准规定了食品及食品有关的化学物质健康指导值的制定方法。

本标准适用于能够引起有阈值的毒作用的受试物。

2 术语和定义

注：本章所涉及的健康指导值相关术语中英对照和缩略词见附录 A。

2.1 健康指导值

人类在一定时期内(终生或 24 h)摄入某种(或某些)物质,而不产生可检测到的对健康产生危害的安全限值,包括日容许摄入量、耐受摄入量、急性参考剂量等。

2.2 起始点

从人群资料或实验动物的敏感观察指标的剂量-反应关系得到的,用于外推健康指导值的剂量值,如未观察到有害作用剂量和基准剂量等。

2.3 未观察到有害作用剂量

通过动物试验,以现有的技术手段和检测指标未观察到任何与受试物有关的有害作用的最大剂量。

2.4 最小观察到有害作用剂量

在规定的条件下,受试物引起实验动物组织形态、功能、生长发育等有害效应的最小作用剂量。

2.5 基准剂量

依据剂量-反应关系研究的结果,利用统计学模型求得的受试物引起某种特定的、较低健康风险发生率(通常定量资料为 10%,定性资料为 5%)剂量的 95%可信限区间下限值。

2.6 不确定系数

安全系数

在为制定健康指导值时所应用的从实验动物外推到人(假定人最敏感)或从部分个体外推到一般人群时所用的复合系数。

3 健康指导值

注：本章所涉及的健康指导值相关术语中英对照和缩略语词见附录 A。

3.1 日容许摄入量

人类终生每日摄入正常使用的某化学物质(如食品添加剂),不产生可检测到的对健康产生危害的量。以每千克体重可摄入的量表示,即 mg/kg 体重。

3.1.1 类别 ADI

如果毒性作用类似的几种物质用作或用于食品,则应对该组化合物制定类别 ADI 以限制其累加摄入。制定类别 ADI 时,有时可根据该组化合物的平均 NOAEL/BMD,但常用该组化合物中最低的 NOAEL/BMD,同时还考虑个别化合物研究的相对质量和试验周期。

3.1.2 无 ADI 规定

根据已有资料(化学、毒理学等)表明某种受试物毒性很低,且其使用量和人膳食中的总摄入量对人体健康不产生危害,则可不必规定具体 ADI。

3.1.3 暂定 ADI

当某种物质的安全资料有限,或根据最新资料对已制定 ADI 的某种物质的安全性提出疑问,如要求进一步提供所需安全性资料的短期内,有充分的资料认为在短期内使用该物质是安全的,但同时又不足以确定长期食用安全时,可制定暂定 ADI 并使用较大的不确定系数,还需规定暂定 ADI 的有效期限,并要求在此期间经过毒理学试验结果充分证明该受试物是安全的,将暂定 ADI 值改为 ADI 值;如毒理学试验结果证明确有安全问题,撤销暂定 ADI 值。

3.1.4 不能提出 ADI

在下列情况下,不对受试物提出 ADI:

a) 可以利用的安全性资料不充分;
b) 缺乏物质在食品中使用的资料;
c) 缺乏物质的属性和纯度的质量规格。

3.2 耐受摄入量

人类在一段时间内或终生暴露于某化学物质,不产生可检测到的对健康产生危害的量。以每千克体重可摄入的量表示,即 mg/ kg 体重,包括日耐受摄入量、暂定最大日耐受摄入量、暂定每周耐受摄入量和暂定每月耐受摄入量。

3.2.1 日耐受摄入量

类似于 ADI,适用于那些不是故意添加的物质,如食品中的污染物。

3.2.2 类别 TI

如果毒性作用类似的几种物质用作或用于食品,则应对该组化合物制定类别 TI 以限制其累加摄入。制定类别 TI 时,有时可根据该组化合物的平均 NOAEL/BMD,但常用该组化合物中最低的 NOAEL/BMD,同时还考虑个别化合物研究的相对质量和试验周期。

3.2.3 暂定最大日耐受摄入量

适用于无蓄积作用的食品污染物,由于污染物在食品和饮用水中天然存在,因此该值代表人类允许暴露的水平。对于既是必需营养素又是食物成分的微量元素,则以一个范围来表示,下限代表机体的必需水平,上限就是 PMTDI。因为通常缺乏人类低剂量暴露的实验结果,因此,耐受摄入量一般被称为“暂定”,新的数据有可能会改变这个暂定的耐受摄入量。

3.2.4 暂定每周耐受摄入量

适用于有蓄积作用的食品污染物(如重金属),其值代表人类暴露于这些不可避免的污染物时,每周允许的暴露量。

3.2.5 暂定每月耐受摄入量

适用于有蓄积作用且在人体内有较长的半衰期的食品污染物,其值代表人类暴露于这些不可避免的污染物时,每月允许的暴露量。

3.3 急性参考剂量

人类在 24 h 或更短的时间内摄入某化学物质(如农药),而不产生可检测到的对健康产生危害的量。

4 制定方法

4.1 收集相关数据

为制定健康指导值,首先应收集相关的毒理学研究资料,需要对来源于适当的数据库、经同行专家评审的文献及诸如企业界未发表的研究报告的科学资料进行充分的评议。对毒性资料的评价一般利用证据权重法,对不同研究的权重大小按如下顺序:流行病学研究、动物毒理学研究、体外试验以及定量结构-反应关系。

4.2 起始点的确定

起始点的确定取决于测试系统和测试终点的选择、剂量设计、毒作用模式和剂量-反应模型等。常用的起始点有 NOAEL 和 BMD。

4.3 不确定系数的选择

鉴于从实验动物试验结果外推到人时,存在固有的不确定性,包括物种间外推不确定性、人物种内外推不确定性、高剂量结果外推到低剂量的不确定性、少量实验动物结果外推到大量人群的不确定性,实验动物低遗传异质性外推到高异质性人群的不确定性等。

将动物资料外推到人通常以 100 倍的不确定系数作为起点,即物种间差异 10 倍,和人群内易感性差异 10 倍。当数据不充分时应进一步增加不确定系数,如以亚慢性研究结果外推到慢性研究、以 LOAEL 代替 NOAEL、数据库不完整,而需要通过部分判断来弥补等,一般把每种不确定系数的默认值定为 10。

4.4 健康指导值的计算

健康指导值按式(1)计算:

$$HBGV = POD/UFs \qquad (1)$$

式中:

HBGV ——健康指导值;

POD ——起始点;

UFs ——不确定系数。

附　录　A

健康指导值相关术语

健康指导值相关术语的中英文对照和缩略词见表 A.1。

表 A.1　健康指导值相关术语中英对照和缩略词

中文全称	英文全称	缩略词
健康指导值	Health-Based Guidance Values	HBGV
起始点	Point of Departure	POD
未观察到有害作用剂量	no-observed-adverse-effect-level	NOAEL
最小观察到有害作用剂量	lowest-observed-adverse-effect-level	LOAEL
基准剂量	Benchmark Dose	BMD
不确定系数	Uncertainty Factors	UFs
日容许摄入量	Acceptable Daily Intake	ADI
类别 ADI	group ADIs	—
无 ADI 规定	ADI not specified	—
暂定 ADI	Temporary ADI	—
不能提出 ADI	no ADI allocated	—
耐受摄入量	Tolerable Intake	TI
日耐受摄入量	Tolerable Daily Intake	TDI
类别 TI	group TI	—
暂定最大日耐受摄入量	Provisional Maximum Tolerable Daily Intake	PMTDI
暂定每周耐受摄入量	Provisional Tolerable Weekly Intake	PTWI
暂定每月耐受摄入量	Provisional Tolerable Monthly Intake	PTMI
急性参考剂量	Acute Reference Dose	ARfD

中华人民共和国国家标准

GB 15193.19—2015

食品安全国家标准
致突变物、致畸物和致癌物的处理方法

2015-08-07 发布 2015-10-07 实施

中华人民共和国
国家卫生和计划生育委员会 发布

前　言

本标准代替GB 15193.19—2003《致突变物、致畸物和致癌物的处理方法》。

本标准与GB 15193.19—2003相比，主要修改如下：

——标准名称修改为“食品安全国家标准　致突变物、致畸物和致癌物的处理方法”。

——修订了范围。

——增加了试验目的，将“一般原则”改为“原理”，删除原版内容“能使该类物质破坏的化学反应来处理，如对易于氧化的化合物(如肼、芳香胺或含有分离的碳＝碳双键化合物)，可以用饱和的高锰酸钾丙酮(15 g高锰酸钾溶于1 000 mL丙酮)溶液处理。烷化物在原则上可以与合适的亲合剂，如水、氢氧离子、氨、亚硫酸盐和硫代硫酸盐等起反应而被破坏”，修改为“一些化学反应破坏该类物质中引起致突变、致畸和致癌作用的官能团，从而达到对食品安全性毒理学评价方法中使用的致突变物、致畸物和致癌物进行无害化处理的目的”。

——修改了联苯胺、β-萘胺的处理方法。

——增加了叠氮化钠的处理方法。

——修改了黄曲霉毒素 B_1 的处理方法。

——修改了苯并[*a*]蒽的名称及处理方法，3-甲基胆蒽的名称、处理方法及英文缩写。

——修改了2-乙酰氨基芴、2,7-二氨基芴、苯并[*a*]芘的处理方法。

——增加了7,12-二甲基苯并[*a*]蒽、2-氨基芴、2-硝基芴、9,10-二甲基蒽、2,4,7-三硝基芴酮的处理方法。

——修改了*N*-亚硝基甲基脲的处理方法及英文缩写、*N*-甲基-*N*-硝基-*N*-亚硝基胍的名称及处理方法。

——增加了乙基亚硝基脲的处理方法。

——修改了丝裂霉素C的处理方法。

——修改了*N*-亚硝基二甲胺的名称、英文缩写及处理方法。

——修改了甲磺酸乙酯、甲磺酸甲酯的名称及处理方法。

——修改了赭曲霉素A的处理方法。

——修改了ICR-170的处理方法、三亚乙基蜜胺的名称及处理方法。

——增加了4-硝基喹啉-*N*-氧化物、ICR-191、呋喃糖酰胺、9-氨基吖啶、多氯联苯的处理方法。

——修改了环磷酰胺的处理方法。

——增加了刚果红的处理方法。

——增加了二甲基氨基苯重氮磺酸钠的处理方法。

——增加了五氯酚钠的处理方法。

——增加了过氧基异丙苯的处理方法。

——增加了柔毛霉素的处理方法。

——删除了乙撑亚胺、Trenimone的处理方法。

——增加了附录A。

食品安全国家标准
致突变物、致畸物和致癌物的处理方法

1 范围

本标准规定了实验室中致突变物、致畸物和致癌物的处理方法。

本标准适用于食品安全性毒理学评价方法中使用的致突变物、致畸物和致癌物的处理。

2 试验目的和原理

对于大多数类型的致突变物、致畸物和致癌物，可以利用一些化学反应破坏该类物质中引起致突变、致畸和致癌作用的官能团，从而达到对食品安全性毒理学评价方法中使用的致突变物、致畸物和致癌物进行无害化处理的目的。

3 处理方法

注：本章所涉及的致突变物、致畸物和致癌物的中英文名称对照、CAS及英文缩写参见附录A。

3.1 联苯胺、β-萘胺

3.1.1 试剂

2 mol/L 硫酸、0.2 mol/L 高锰酸钾、焦亚硫酸钠、10 mol/L 氢氧化钾。

3.1.2 处理方法

3.1.2.1 如联苯胺或β-萘胺浓度高于0.9 mg/mL，加水稀释至0.9 mg/mL以下。

3.1.2.2 每10 mL联苯胺或β-萘胺溶液加入5 mL 0.2 mol/L高锰酸钾溶液及5 mL 2 mol/L硫酸溶液，该反应至少应持续10 h。

3.1.2.3 每10 mL反应体系加入0.8 g焦亚硫酸钠使反应体系脱色，如未完全脱色则加入更多。

3.1.2.4 每10 mL上述反应体系加入8 mL 10 mol/L氢氧化钾使反应体系呈强碱性(pH＞12)，此反应过程放热。

3.1.2.5 加100 mL水稀释，过滤掉含锰化合物，中和滤液后废液按照化学废弃物处理。

3.2 叠氮化钠

3.2.1 试剂

亚硝酸钠、4 mol/L 硫酸、质量体积比浓度为10％碘化钾溶液、1 mol/L 盐酸、淀粉。

3.2.2 溶液配制

亚硝酸钠溶液：7.5 g亚硝酸钠溶于38 mL水。

3.2.3 处理方法

3.2.3.1 每5 g叠氮化钠溶于100 mL水中。
3.2.3.2 边搅拌边加入亚硝酸钠溶液至叠氮化钠溶液(3.2.3.1)中。
3.2.3.3 缓慢加入4 mol/L硫酸直至反应体系呈酸性并持续搅拌1 h,如样品较多,此过程需在冰浴中进行,本操作需在通风橱中进行。
3.2.3.4 应先加入亚硝酸钠,再加入硫酸,反顺序加入会产生有害物质。
3.2.3.5 加入数滴反应体系溶液至等体积质量体积比浓度为10%碘化钾溶液中,再加入1滴1 mol/L盐酸及1滴淀粉溶液。如反应液呈深蓝色显示存在过量亚硝酸,即反应已完成,废液按照化学废弃物处理。如果未过量则加入更多亚硝酸钠。

3.3 黄曲霉毒素B_1

3.3.1 试剂

5.25%次氯酸钠、丙酮。

3.3.2 处理方法

3.3.2.1 每毫克黄曲霉毒素加入2 mL 5.25%次氯酸钠溶液,反应体系放置过夜,次氯酸钠溶液可随时间缓慢分解,应每隔一定时间检测溶液中活性氯的含量。
3.3.2.2 加入3倍体积水及相当于稀释后总体积5%的丙酮,反应至少30 min。处理完成后废液按照化学废弃物处理。

3.4 多环芳烃(苯并[*a*]芘、7,12-二甲基苯并[*a*]蒽、3-甲基胆蒽、2-氨基芴、2,7-二氨基芴、2-乙酰氨基芴、苯并[*a*]蒽、2-硝基芴、9,10-二甲基蒽、2,4,7-三硝基芴酮)

3.4.1 试剂

高锰酸钾、硫酸、焦亚硫酸钠、10 mol/L氢氧化钾、丙酮。

3.4.2 高锰酸钾硫酸溶液配制

在1 L 3 mol/L硫酸中加入47.4 g高锰酸钾,搅拌15 min~60 min备用,现用现配。

3.4.3 处理方法

3.4.3.1 每5 mg多环芳烃加入2 mL丙酮并确保多环芳烃全部溶解。
3.4.3.2 每5 mg多环芳烃加入10 mL高锰酸钾硫酸溶液,反应体系应搅拌1 h。整个反应过程需保持反应体系呈紫色,如果不是紫色应加入更多高锰酸钾硫酸溶液,直至反应体系保持紫色1 h以上。
3.4.3.3 每10 mL反应体系加入0.8 g焦亚硫酸钠使反应体系脱色,如未完全脱色则加入更多。
3.4.3.4 每10 mL反应体系加入8 mL 10 mol/L氢氧化钾使反应体系呈强碱性(pH>12),此反应过程放热。
3.4.3.5 加100 mL水稀释,过滤掉含锰化合物,中和滤液后废液废渣按照化学废弃物处理。
3.4.3.6 如多环芳烃少于5 mg,也应按照3.4.3.1~3.4.3.5方法处理。

3.5 *N*-甲基-*N*-硝基-*N*-亚硝基胍、*N*-亚硝基甲基脲、乙基亚硝基脲

3.5.1 试剂

甲醇、6 mol/L盐酸、氨基磺酸。

3.5.2 处理方法

3.5.2.1 每 30 g 甲基硝基亚硝基胍，*N*-亚硝基甲基脲或乙基亚硝基脲加入 1 L 甲醇中。
3.5.2.2 搅拌并缓慢加入 1 L 6 mol/L 盐酸。
3.5.2.3 加入 70 g 氨基磺酸，搅拌反应体系至少 24 h。处理完成后废液按照化学废弃物处理。

3.6 丝裂霉素 C

3.6.1 试剂

5.25%次氯酸钠、1%亚硫酸氢钠。

3.6.2 处理方法

3.6.2.1 如浓度过高，则应将丝裂霉素 C 稀释至不超过 0.5 mg/mL。
3.6.2.2 每 10 mL 丝裂霉素 C 溶液加入 15 mL 5.25%次氯酸钠溶液，反应过程非常快。
3.6.2.3 反应完成后加入过量 1%亚硫酸氢钠除去多余的次氯酸钠。处理完成后废液按照化学废弃物处理。

3.7 *N*-亚硝基二甲胺

3.7.1 试剂

甲醇、1 mol/L 氢氧化钾、铝镍合金。

3.7.2 处理方法

3.7.2.1 将 *N*-亚硝基二甲胺溶于水(或甲醇)中并使其浓度不超过 10 mg/mL。
3.7.2.2 加入等体积的 1 mol/L 氢氧化钾溶液并使用磁力搅拌器搅拌。
3.7.2.3 每 100 mL 反应液缓慢加入 5 g 铝镍合金，应防止起泡过多，此过程放热，反应总体积应小于容器容积三分之一。
3.7.2.4 封闭反应体系并持续搅拌 24 h。
3.7.2.5 废弃的镍可放于金属支架上晾 24 h(远离可燃物)后丢弃。处理完成后废液按照化学废弃物处理。

3.8 甲磺酸甲酯、甲磺酸乙酯

3.8.1 试剂

1 mol/L 氢氧化钠。

3.8.2 处理方法

每 1 mL 化合物加入 50 mL 1 mol/L 氢氧化钠溶液，反应体系应搅拌甲磺酸甲酯 6 h、甲磺酸乙酯 48 h。处理完成后废液按照化学废弃物处理。

3.9 赭曲霉素 A

3.9.1 试剂

次氯酸钠、乙醇。

3.9.2 溶液配制

次氯酸钠溶液：将 100 mL 5.25%次氯酸钠加入 200 mL 水中配制成适当浓度的次氯酸钠溶液备用，现用现配。

3.9.3 处理方法

3.9.3.1 每 1 mg 赭曲霉素 A 溶于 1 mL 乙醇中，每 1 mL 溶有赭曲霉素 A 的乙醇溶液加入 50 mL 次氯酸钠溶液。

3.9.3.2 使用声波处理以使其充分溶解，该体系至少应反应 30 min。处理完成后废液按照化学废弃物处理。

3.10 杂环芳烃(4-硝基喹啉-*N*-氧化物、ICR-170、ICR-191、三亚乙基蜜胺、呋喃糖酰胺、9-氨基吖啶、多氯联苯)

3.10.1 试剂

乙腈、硫酸、高锰酸钾、焦亚硫酸钠、10 mol/L 氢氧化钠。

3.10.2 高锰酸钾硫酸溶液配制

在 1 L 3 mol/L 硫酸中加入 47.4 g 高锰酸钾，搅拌 15 min～60 min 备用，现用现配。

3.10.3 处理方法

3.10.3.1 每 5 mg 杂环芳烃加入 3 mL 乙腈中并确保其完全溶解。

3.10.3.2 每 5 mg 杂环芳烃加入高锰酸钾硫酸溶液 10 mL，搅拌并反应 1 h；反应过程中该体系应保持紫色，如颜色消褪则应继续加入高锰酸钾硫酸溶液，直至反应体系保持紫色 1 h 以上。

3.10.3.3 每 10 mL 反应体系加入 0.8 g 焦亚硫酸钠使反应体系脱色，如未完全脱色则加入更多。

3.10.3.4 每 10 mL 反应体系加入 8 mL 10 mol/L 氢氧化钾使反应体系呈强碱性(pH>12)，此反应过程放热。

3.10.3.5 加 100 mL 水稀释，过滤掉含锰化合物，中和滤液后废液废渣按照化学废弃物处理。

3.10.3.6 如杂环芳烃少于 5 mg，也应按照 3.10.3.1～3.10.3.5 方法处理。

3.11 环磷酰胺

3.11.1 试剂

1 mol/L 盐酸、硫代硫酸钠、氢氧化钠。

3.11.2 处理方法

3.11.2.1 每 250 mg 环磷酰胺加入 10 mL 1 mol/L 盐酸，加热回流 1 h 后冷却至室温。

3.11.2.2 加入 0.2 g/mL 氢氧化钠溶液至 pH 为 6，冷却至室温。

3.11.2.3 每 250 mg 环磷酰胺加入硫代硫酸钠 1.5 g 及 0.2 g/mL 氢氧化钠使溶液呈强碱性，该体系应反应至少 1 h，反应完成后用水稀释后丢弃。

3.12 刚果红

3.12.1 试剂

Amberlite XAD-16 树脂。

3.12.2 处理方法

将 1 g Amberlite XAD-16 树脂加入 20 mL 刚果红浓度为 100 μg/mL 的溶液中并搅拌至少 2 h。处理完成后废液及树脂按照化学废弃物处理。

3.13 二甲基氨基苯重氮磺酸钠

加热至 200 ℃以上可使其分解，妥善处理废气废渣。

3.14 五氯酚钠

600 ℃～900 ℃下焚烧，并妥善处理废气废渣。

3.15 过氧基异丙苯

回转窑焚烧，温度范围 820 ℃～1 600 ℃，焚烧数秒，妥善处理废气废渣。

3.16 柔毛霉素

回转窑焚烧，温度范围 820 ℃～1 600 ℃，液体焚烧数秒，固体需焚烧数小时，妥善处理废气废渣。

附　录　A

致突变物、致畸物和致癌物中英文名称对照、CAS 及英文缩写

致突变物、致畸物和致癌物中英文名称对照、CAS 及英文缩写见表 A.1。

表 A.1　致突变物、致畸物和致癌物中英文名称对照、CAS 及英文缩写

中文名称	英文名称	CAS	英文缩写
2-乙酰氨基芴	2-acetamidofluorene	53-96-3	2-AAF
黄曲霉毒素 B_1	aflatoxin B_1	1162-65-8	AFB_1
苯并[*a*]蒽	benz [*a*]anthracene	56-55-3	BA
联苯胺	benzidine	92-87-5	Bz
苯并[*a*]芘	benzo[*a*]pyrene	50-32-8	BP
环磷酰胺	cyclophosphamide	50-18-0	CP
2,7-二氨基芴	2,7-diaminofluorene	525-64-4	2,7-AF
7,12-二甲基苯并[*a*]蒽	7,12-dimethylbenz[*a*]anthracene	57-97-6	DMBA
甲磺酸乙酯	ethyl methanesulphonate	62-50-0	EMS
3-甲基胆蒽	3-methylcholanthrene	56-49-5	3-MC
甲磺酸甲酯	methyl methanesulfonate	66-27-3	MMS
丝裂霉素 C	mitomycin C	50-07-7	MMC
β-萘胺	2-naphthylamine	91-59-8	2-NAP
乙基亚硝基脲	*N*-nitroso-*N*-ethylurea	759-73-9	ENU
N-甲基-*N*-硝基-*N*-亚硝基胍	*N*-methyl-N′-nitro-*N*-nitrosoguanidine	70-25-7	MNNG
N-亚硝基甲基脲	*N*-nitroso-*N*-methylurea	684-93-5	MNU
2-氨基芴	2-aminofluorene	153-78-6	—
4-硝基喹啉-*N*-氧化物	4-nitroquinoline-*N*-oxide	56-57-5	—
N-亚硝基二甲胺	*N*-nitrosodimethylamine	62-75-9	NDMA
赭曲霉素 A	ochratoxin A	303-47-9	OA
叠氮化钠	sodium azide	26628-22-8	—
ICR-170	ICR-170	146-59-8	—
ICR-191	ICR-191	17070-45-0	—
三亚乙基蜜胺	triethylenemelamine	51-18-3	—
呋喃糖酰胺	furylfuramide	3688-53-7	AF-2
9-氨基吖啶	9-aminoacridine	90-45-9	—
2-硝基芴	2-nitrofluorene	607-57-8	—
9,10-二甲基蒽	9,10-dimethylanthracene	781-43-1	—
2,4,7-三硝基芴酮	2,4,7-trinitro-9H-fluoren-9-one	129-79-3	—

表 A.1（续）

中文名称	英文名称	CAS	英文缩写
刚果红	congo red	573-58-0	—
二甲基氨基苯重氮磺酸钠	*para*-dimethylaminobenzenediazo sodium sulfonate	140-56-7	—
五氯酚钠	sodium pentachlorophenolate	131-52-2	—
过氧基异丙苯	cumene hydroperoxide	80-15-9	—
柔毛霉素	daunorubicin	20830-81-3	—
多氯联苯	polychorinated biphenyls	1336-36-3	—

中华人民共和国国家标准

GB 15193.20—2014

食品安全国家标准
体外哺乳类细胞 TK 基因突变试验

2014-12-24 发布　　　　2015-05-01 实施

中华人民共和国
国家卫生和计划生育委员会　发布

前　　言

本标准代替 GB 15193.20—2003《TK 基因突变试验》。

本标准与 GB 15193.20—2003 相比，主要变化如下：

——标准名称修改为“食品安全国家标准　体外哺乳类细胞 TK 基因突变试验”；

——修改了范围；

——增加了术语和定义；

——修改了试验目的和原理；

——增加了代谢活化系统；

——增加了 THMG 和 THG 选择培养基的配制方法；

——增加了 CHAT 和 CHT 选择培养基的配制方法；

——增加了三氟胸苷的配制方法；

——增加了磷酸盐缓冲液的配制方法；

——修改了受试物剂量设定的要求；

——修改了对照的设定；

——增加了备选细胞系及相应的试验方法及数据处理；

——增加了试验报告的要求；

——增加了试验的解释的要求。

食品安全国家标准
体外哺乳类细胞 TK 基因突变试验

1 范围

本标准规定了体外哺乳类胸苷激酶(thymidine kinase,TK)基因突变试验的基本试验方法与技术要求。

本标准适用于评价受试物的致突变作用。

2 术语和定义

2.1 TK 基因

哺乳类动物的胸苷激酶基因。人类的 TK 基因定位于 17 号染色体长臂远端;小鼠的则定位于 11 号染色体。

2.2 突变频率

在某种细胞系中,某一特定基因突变型的细胞(集落)占细胞(集落)总数的比例(单位通常为 10^{-6})。

3 试验目的和原理

TK 基因突变试验的检测终点是 TK 基因的突变。TK 基因突变属于常染色体基因突变。

TK 基因的产物胸苷激酶在体内催化从脱氧胸苷(TdR)生成胸苷酸(TMP)的反应。在正常情况下,此反应并非生命所必需,原因是体内的 TMP 主要来自于脱氧尿嘧啶核苷酸(dUMP),即由胸苷酸合成酶催化的 dUMP 甲基化反应生成 TMP。但如在细胞培养物中加入胸苷类似物(如三氟胸苷,即 trifluorothymidine,TFT),则 TFT 在胸苷激酶的催化下可生成三氟胸苷酸,进而掺入 DNA,造成致死性突变,故细胞不能存活。若 TK 基因发生突变,导致胸苷激酶缺陷,则 TFT 不能磷酸化,亦不能掺入 DNA,故突变细胞在含有 TFT 的培养基中能够生长,即表现出对 TFT 的抗性。根据突变集落形成数,可计算突变频率,从而推断受试物的致突变性。在 TK 基因突变试验结果观察中可发现两类明显不同的集落,即大/小集落(L5178Y 细胞)或正常生长/缓慢生长集落(TK6 细胞),有研究表明,大集落/正常生长集落主要由点突变或较小范围的缺失等引起,而小集落/缓慢生长集落主要由较大范围的染色体畸变,或由涉及调控细胞增殖的基因缺失引起。

4 仪器和试剂

4.1 仪器

实验室常用设备、低温冰箱(−80 ℃)或液氮罐、生物安全柜、细胞培养箱、倒置显微镜、离心机。

4.2 培养基

4.2.1 完全培养基

RPMI 1640 培养液，加入 10%马血清（培养瓶培养）或 20%马血清（96 孔板培养）及适量抗菌素（青霉素、链霉素的最终浓度分别为 100 IU/mL 及 100 μg/mL）。

4.2.2 THMG 和 THG 选择培养基

THMG 培养基：3 μg/mL 胸腺嘧啶核苷（thymidine，T）+5 μg/mL 次黄嘌呤（hypoxanthine，H）+0.1 μg/mL 氨甲喋呤（methotrexate，M）+7.5 μg/mL 甘氨酸（glycine，G）。

THG 培养基：3 μg/mL 胸腺嘧啶核苷（T）+5 μg/mL 次黄嘌呤（H）+7.5 μg/mL 甘氨酸（G）。

以上浓度为各试剂在培养基中的终浓度。实际试验中，常按照表 1 的方法把 THMG 和 THG 配成 100 倍浓度：

表 1 T、H、M、G 试剂的配置

试剂	相对分子质量	质量/mg	溶剂及其体积	浓度/(mg/mL)
T	242.2	30	10 mL H_2O	3
H	136.1	5	1 mL 1 mol/L HCl	5
M	454.5	5	50 mL H_2O	0.1
G	75.07	75	10 mL H_2O	7.5

将 4 种试剂配制成上述 1 000 倍浓度，再分别取此浓度的 T、H、M、G 溶液各 5 mL（共 20 mL）或 T、H、G 溶液各 5 mL（共 15 mL），均用双蒸水稀释至 50 mL，配成 100 倍的 THMG 或 THG 储备液。最后用滤膜过滤除菌，分装，−20 ℃下保存。应用时以 1%的比例加入完全培养基。

4.2.3 CHAT 和 CHT 选择培养基

CHAT 培养基：1×10^{-5} mol/L 脱氧胞苷（cytosine deoxyriboside，C）+2×10^{-4} mol/L 次黄嘌呤（hypoxnathine，H）+1×10^{-7} mol/L 氨基喋呤（aminopterin，A）+1.75×10^{-5} mol/L 胸苷（thymidine，T）。

CHT 培养基：1×10^{-5} mol/L 脱氧胞苷（C）+2×10^{-4} mol/L 次黄嘌呤（H）+1.75×10^{-5} mol/L 胸苷（T）。

以上浓度为各试剂在培养基中的终浓度。实际试验中，常按表 2 的方法把 CHAT 和 CHT 配成 100 倍浓度：

表 2 C、H、A、T 试剂的配置

试剂	相对分子质量	质量/mg	溶剂及其体积	浓度/(mol/L)
C	227.2	113.6	50 mL H_2O	1×10^{-2}
H	136.1	1 361.0	50 mL 1 mol/L HCl	2×10^{-1}
A	440.4	2.2	50 mL H_2O	1×10^{-4}
T	242.2	423.85	10 mL H_2O	1.75×10^{-2}

将 4 种试剂配制成 1 000 倍浓度，再分别取此浓度的 C、H、A、T 溶液各 5 mL（共 20 mL）或 C、H、T 溶液各 5 mL（共 15 mL），均用双蒸水稀释至 50 mL，配成 100 倍的 CHAT 或 CHT 储备液。最后用滤

膜过滤除菌，分装，－20 ℃下保存。应用时以1%的比例加入完全培养基。

4.3 代谢活化系统

4.3.1 S9辅助因子

4.3.1.1 镁钾溶液

氯化镁1.9 g和氯化钾6.15 g加蒸馏水溶解至100 mL。

4.3.1.2 0.2 mol/L磷酸盐缓冲液(pH7.4)

磷酸氢二钠(Na_2HPO_4，28.4 g/L)440 mL，磷酸二氢钠($NaH_2PO_4 \cdot H_2O$，27.6 g/L)60 mL，调pH至7.4，0.103 MPa 20 min灭菌或滤菌。

4.3.1.3 辅酶-Ⅱ(氧化型)溶液

无菌条件下称取辅酶-Ⅱ，用无菌蒸馏水溶解配制成0.025 mol/L溶液。现用现配。

4.3.1.4 葡萄糖-6-磷酸钠盐溶液

称取葡萄糖-6-磷酸钠盐，用蒸馏水溶解配制成0.05 mol/L，过滤灭菌。现用现配。

4.3.2 大鼠肝S9组分的制备

选健康雄性成年SD或Wistar大鼠，体重150 g～200 g左右，约5周龄～6周龄。采用苯巴比妥钠和β-萘黄酮联合诱导的方法进行制备，经口灌胃给予大鼠苯巴比妥钠和β-萘黄酮，剂量均为80 mg/kg体重，连续3 d，禁食16 h后断头处死动物，处死前禁食12 h。

处死动物后取出肝脏，称重后用新鲜冰冷的氯化钾溶液(0.15 mol/L)连续冲洗肝脏数次，以便除去能抑制微粒体酶活性的血红蛋白。每克肝(湿重)加氯化钾溶液(0.1 mol/L)3 mL，连同烧杯移入冰浴中，用消毒剪刀剪碎肝脏，在玻璃匀浆器(低于4 000 r/min，1 min～2 min)或组织匀浆器(低于20 000 r/min，1 min)中制成肝匀浆。以上操作需注意无菌和局部冷环境。

将制成的肝匀浆在低温(0 ℃～4 ℃)高速离心机上以9 000 *g* 离心10 min，吸出上清液为S9组分，分装于无菌冷冻管中，每管2 mL左右，用液氮或干冰速冻后置－80 ℃低温保存。

S9组分制成后，经无菌检查，测定蛋白含量(Lowry法)，每毫升蛋白含量不超过40 mg为宜，并经间接致突变剂鉴定其生物活性合格后贮存于－80 ℃低温或冰冻干燥，保存期不超过1年。

4.3.3 10% S9混合液

一般由S9组分和辅助因子按1∶9组成10%的S9混合液，无菌，现用现配或过滤除菌。10% S9混合液10 mL配制如下：

磷酸盐缓冲液	6.0 mL
镁钾溶液	0.4 mL
葡萄糖-6-磷酸钠盐溶液	1.0 mL
辅酶-Ⅱ溶液	1.6 mL
肝S9组分	1.0 mL

混匀，置冰浴中待用。

S9混合液浓度一般为1%～10%，实际使用浓度可由各实验室自行决定，但需对其活性进行鉴定，应能明显活化阳性对照物，且对细胞无明显毒性。

4.4 磷酸盐缓冲液(phosphate buefferd saline,PBS)

将 8.0 g NaCl、0.20 g KCl、2.74 g $Na_2HPO_4 \cdot 7H_2O$、0.20 g KH_2PO_4 溶于双蒸水并定容至 1 000 mL,pH7.2～7.4。

4.5 三氟胸苷(trifluorothymidine,TFT)的配制

取 TFT 30 mg,用 PBS 溶解加至 10 mL,配成 3 mg/mL 的储备液。应用时按 1‰的体积比加入培养基。

5 试验方法

5.1 细胞和培养条件

$tk^{+/-}$基因型的 L5178Y-3.7.2C 小鼠淋巴瘤细胞或 TK6 人类淋巴母细胞。

两种细胞均在 5%二氧化碳、37 ℃、饱和湿度条件下作常规悬浮培养。

为避免在培养和传代期间自发突变的细胞对试验结果的影响,在正式试验前,应清除自发突变的 $tk^{-/-}$基因型细胞。方法是:

a) 对于 L5178Y 细胞,使用 THMG 培养基处理 24 h,以 800 r/min～1 000 r/min 的速度离心 4 min～6 min、洗涤后在不含氨甲喋呤的 THG 培养基中培养 2 d;
b) 对于 TK6 细胞,使用 CHAT 培养基处理 48 h,以 800 r/min～1 000 r/min 的速度离心 4 min～6 min、洗涤后在不含氨基喋呤的 CHT 培养基中继续培养 3 d。

5.2 受试物

5.2.1 受试物的配制

受试物在使用前应现用现配,否则须证实在特定贮存条件下不影响其稳定性。

5.2.2 受试物剂量设定

至少应设置 3 个～4 个可供分析的浓度。对于有细胞毒性的受试物,应根据细胞毒性预试验结果,在 RS 或 RSG 为 20%～80%范围内设 3 个～4 个剂量(浓度)水平,同时应该考虑受试物对溶解度、pH 和摩尔渗透压浓度的影响。方法是:取生长良好的细胞,调整密度为 5×10^5/mL,按 1%体积加入不同浓度受试物,37 ℃震摇处理 3 h(L5178Y 细胞)或 4 h(TK6 细胞),细胞经离心洗涤后,作 2 d(L5178Y 细胞)或 3 d(TK6 细胞)表达培养,每天计数细胞密度并计算相对悬浮生长(RSG)。或取上述处理后细胞悬液,作梯度稀释至 8 个细胞/mL,接种 96 孔板(每孔加 0.2 mL,即平均 1.6 个细胞/孔),每个剂量种 1 块～2 块平板,37 ℃,5%二氧化碳,饱和湿度条件下培养 12 d,计数每块平板有集落生长的孔数,计算相对存活率(RS)。

对于细胞毒性极低的受试物,最高浓度应设为 5 mg/mL、5 μL/mL 或 0.01 mol/L。对于相对不溶解的物质,其最高浓度的设置应达到不影响细胞培养的最大可加入浓度。

5.2.3 对照的设定

一般情况下,每一项试验中,在代谢活化系统存在和不存在的条件下均应设阳性和阴性(溶媒)对照组。

当使用代谢活化系统时,阳性对照物应使用要求代谢活化、并能引起典型突变集落的物质,可以使用3-甲基胆蒽(3-methylcholanthrene)、环磷酰胺(cyclophosphamide,CP)等。在没有代谢活化系统时,

阳性对照物可使用甲基磺酸甲酯(methyl methane sulfonate,MMS)、丝裂霉素C(mitomycin C,MMC)、甲基磺酸乙酯(ethylmethane sulfonate,EMS)等。也可使用其他适宜的阳性对照物。

溶媒应是非致突变物,不与受试物发生化学反应,不影响细胞存活和S9活性。溶媒首选蒸馏水,如使用非水溶媒(可选择二甲基亚砜、丙酮、乙醇等),则需增设溶媒对照。

5.3 处理

取生长良好的细胞,调整密度为5×10^5/mL,按1%体积加入受试物(需代谢活化的情况下,同时加入终浓度为1%~10%的S9混合物),37 ℃振摇处理3 h(L5178Y细胞)或4 h(TK6细胞),以800 r/min~1 000 r/min的速度离心4 min~6 min,弃上清液,用PBS或不含血清的培养基洗涤细胞2遍,重新悬浮细胞于含10%马血清的RPMI 1640培养液中,并调整细胞密度为2×10^5/mL。

5.4 PE_0(0 d的平板接种效率)测定

取适量细胞悬液,作梯度稀释至8个细胞/mL,接种96孔板(每孔加0.2 mL,即平均1.6个细胞/孔),每个剂量种1块~2块平板,37 ℃,5%二氧化碳,饱和湿度条件下培养12 d,计数每块平板有集落生长的孔数。

5.5 表达

取5.3所得细胞悬液,作2 d(L5178Y细胞)或3 d(TK6细胞)表达培养,每天计数细胞密度并保持密度在10^6/mL以下,计算相对悬浮生长(RSG)。

5.6 PE_2(L5178Y细胞)或PE_3(TK6细胞)测定

表达培养结束后,取适量细胞悬液,按5.4方法测定PE_2/PE_3。

5.7 突变频率(MF)测定

5.7.1 L5178Y细胞

L5178Y细胞表达培养2 d后,取适量细胞悬液,调整细胞密度为1×10^4/mL,加入TFT(终浓度为3 μg/mL),混匀,接种96孔板(每孔加0.2 mL,即平均2 000个细胞/孔),每个剂量作2块~4块板,37 ℃,5%二氧化碳,饱和湿度条件下培养12 d,计数有突变集落生长的孔数。突变集落按大集落(Large Colony,LC:直径≥1/4孔径,密度低)和小集落(small colony,SC:直径<1/4孔径,密度高)分别计数。极小集落可再继续培养3 d后计数。

5.7.2 TK6细胞

TK6细胞表达培养3 d后,取适量细胞悬液,调整细胞密度至1.5×10^5/mL,加入TFT(终浓度为3 μg/mL),混匀,接种96孔板(每孔加0.2 mL,即平均30 000个细胞/孔),每个剂量作2块~4块板,37 ℃,5%二氧化碳,饱和湿度条件下培养12 d,计数正常生长突变集落(normal-growth colony,NC)。然后每孔再追加适量TFT,继续培养12 d,计数新长成的缓慢生长突变集落(slow-growth colony,SC)。

6 数据处理与结果评价

6.1 数据处理

6.1.1 平板效率(PE_0、PE_2/PE_3)

平板效率(%)的计算见式(1):

$$PE = \frac{-\ln(EW/TW)}{1.6} \times 100\% \quad \cdots\cdots (1)$$

式中：

EW——无集落生长的孔数；

TW——总孔数；

1.6——每孔接种细胞数。

6.1.2 相对存活率(RS)

相对存活率(%)的计算见式(2)：

$$RS = \frac{PE_{处理}}{PE_{阴性/溶媒对照}} \times 100\% \quad \cdots\cdots (2)$$

注：溶媒使用非水溶媒时，与溶媒对照比较。

6.1.3 相对悬浮生长(RSG)

相对悬浮生长(%)的计算见式(3)：

$$RSG = \frac{处理组表达期间细胞增殖倍数}{阴性/溶媒对照组表达期间细胞增殖倍数} \times 100\% \quad \cdots\cdots (3)$$

注：溶媒使用非水溶媒时，与溶媒对照比较。

6.1.4 相对总生长(relative total growth，RTG)

相对总生长(%)的计算见式(4)：

$$RTG = RSG \times RSn \times 100\% \quad \cdots\cdots (4)$$

式中：

RSn——第2天(L5178Y细胞)或第3天(TK6细胞)的相对存活率。

6.1.5 突变频率(MF)

突变频率的计算见式(5)：

$$MF(\times 10^{-6}) = \frac{-\ln(EW/TW)/N}{PE_{2/3}} \quad \cdots\cdots (5)$$

式中：

EW——无集落生长的孔数；

TW——总孔数；

N——每孔接种细胞数(L5178Y细胞为2 000，TK6细胞为30 000)；

$PE_{2/3}$——第2天(L5178Y细胞)或第3天(TK6细胞)的平板效率。

此外，对于L5178Y细胞，可分别计算大集落突变频率(L-MF)、小集落突变频率(S-MF)和总突变频率(T-MF)。对于TK6细胞，可分别计算正常集落突变频率(N-MF)、缓慢生长集落突变频率(S-MF)和总突变频率(T-MF)。

6.1.6 小集落突变百分率(small colony mutation，SCM)或缓慢生长集落突变百分率(slowly-growth colony mutation，SCM)

小集落突变百分率或缓慢生长集落突变百分率的计算见式(6)：

$$SCM = \frac{S\text{-}MF}{T\text{-}MF} \times 100\% \quad \cdots\cdots (6)$$

6.2 结果评价

6.2.1 试验成立的条件

试验所用 L5178Y 细胞的自发突变频率应在 $50\times10^{-6}\sim200\times10^{-6}$之间；TK6 细胞的自发突变频率应在 $1.5\times10^{-6}\sim5.5\times10^{-6}$之间，同时自发突变频率应在本实验室历史记录范围内。阴性/溶媒对照的 PE_0 在 60%～140%之间，PE_2/PE_3 的值在 70%～130%之间。阳性对照的 T-MF 与阴性/溶媒对照有显著差异，或是阴性/溶媒对照 3 倍以上。

6.2.2 受试物阳性和阴性结果的判定

6.2.2.1 阳性结果的判定。受试物一个以上剂量（浓度）组的 T-MF 显著高于阴性/溶媒对照，或是阴性/溶媒对照的 3 倍以上，并有剂量-反应趋势，则可判定为阳性。但如仅在相对存活率低于 20%的高剂量情况下出现阳性，则结果判为“可疑”。

6.2.2.2 阴性结果的判定。在相对存活率低于 20%的情况下未见突变频率的增加，可判定为阴性。

7 试验报告

7.1 试验名称、试验单位名称和联系方式、报告编号。

7.2 试验委托单位名称和联系方式、样品受理日期。

7.3 试验开始和结束日期、试验项目负责人、试验单位技术负责人、签发日期。

7.4 试验摘要。

7.5 受试物：名称、鉴定资料、CAS 编号（如已知）、纯度、与本试验有关的受试物的物理和化学性质及稳定性等。

7.6 溶媒和载体：溶媒或载体的选择依据，受试物在溶媒和载体中的溶解性和稳定性。

7.7 细胞系：名称、来源及其特性。

7.8 试验条件：溶媒、剂量、代谢活化系统、阳性对照物、操作步骤等。

7.9 试验结果：每个剂量（浓度）表达培养期间细胞的密度、0 d 的平板接种效率、第 2 天或第 3 天的平板接种效率、相对存活率、相对悬浮生长和相对总生长、总突变频率[必要时给出大集落突变频率、小集落突变频率和小集落突变突变百分率（L5178Y 细胞）、或正常集落突变频率、缓慢生长集落突变频率和缓慢生长集落突变百分率（TK6 细胞）]、统计结果、是否具有剂量-反应趋势、同时进行的溶媒对照和阳性对照的结果及其本实验室溶媒对照和阳性对照结果的历史范围。

7.10 试验结论。

8 试验的解释

TK 基因突变试验具有较高的敏感性，可检出包括点突变、大的缺失、重组、异倍体和其他较大范围基因组改变在内的多种遗传改变，长时间处理还可检出某些断裂剂、纺锤体毒物和多倍体诱导剂等。但体外试验不能完全模拟哺乳动物体内代谢条件，因此，本试验结果不能直接外推到哺乳动物。阳性结果表明受试样品在该试验条件下可引起所用哺乳类细胞基因突变；阴性结果表明在该试验条件下受试样品不引起所用哺乳类细胞基因突变。评价时应综合考虑生物学意义和统计学意义。

中华人民共和国国家标准

GB 15193.21—2014

食品安全国家标准
受试物试验前处理方法

2014-12-24 发布　　　　2015-05-01 实施

中华人民共和国
国家卫生和计划生育委员会　发布

前　言

本标准代替 GB 15193.21—2003《受试物处理方法》。

本标准与 GB 15193.21—2003 相比，主要变化如下：

——标准名称修改为“食品安全国家标准　受试物试验前处理方法”；

——增加了术语和定义；

——增加了不易粉碎的固体受试物处理；

——增加了人体推荐量较小的受试物的处理；

——增加了受试物掺入饲料的处理；

——修改了介质的选择；

——修改了人体推荐量较大的受试物处理；

——修改了袋泡茶类受试物的处理；

——修改了膨胀率较高的受试物处理；

——修改了液体受试物的处理；

——修改了含有毒性较大的人体必需营养素等物质的受试物处理。

食品安全国家标准
受试物试验前处理方法

1 范围

本标准规定了受试物进行安全性评价时的前处理方法。
本标准适用于评价受试物安全性时的受试物试验前处理。

2 术语和定义

2.1 受试物

被测试的单一成分或混合物。

2.2 溶媒

能使受试物进入试验体系,并使其成为均匀混合物的一种介质。

2.3 酒基

生产含乙醇受试物所用的原料酒。

2.4 未观察到有害作用剂量

通过动物试验,以现有的技术手段和检测指标未观察到任何与受试物有关的毒性作用的最大剂量。

3 溶媒的选择

溶媒是帮助受试物进入试验体系或动物体内的重要媒介。应根据试验的特点和受试物的理化性质选择适合的溶媒(溶剂、助悬剂或乳化剂),将受试物溶解或悬浮于溶媒中,一般可选用蒸馏水、植物油、淀粉、明胶、羧甲基纤维素、蔗糖脂肪酸酯等,如使用其他溶媒应说明理由。所选用的溶媒本身应不产生毒性作用;与受试物各成分之间不发生化学反应,且保持其稳定性;无特殊刺激性或气味。

4 受试物试验前处理方法

注:根据毒理学试验的要求而需进行前处理(如浓缩、去除已知安全性成分等)的受试物,应提供处理方法,组成成分及比例,并提供相应的资料。受试物的处理过程应与原产品的主要生产工艺步骤保持一致。受试物进行不同的试验时,应针对试验的特点和受试物的理化性质进行相应的处理。

4.1 袋泡茶类受试物的处理

提取方法应与产品推荐饮用的方法相同,可用该受试物的水提取物进行试验。如果产品无特殊推荐饮用方法,水提取物可采用以下提取条件进行:常压、温度 80 ℃～90 ℃,浸泡时间 30 min,水量为受试物质量的 10 倍或以上,提取 2 次,将提取液合并浓缩至所需浓度,并标明该浓缩液与原料的比例关系。如产品有特殊推荐服用方法(如推荐食用浸泡后的产品),在试验时予以考虑。

4.2 吸水膨胀率较高的受试物处理

应考虑受试物的吸水膨胀对受试物给予剂量和实验动物的影响,以此来选择合适的受试物给予方式(灌胃或掺入饲料)。如采用灌胃方式给予,应选择水为溶媒。

4.3 液体受试物的处理

液体受试物需要进行浓缩处理时,应采用不破坏其中有效成分的方法。可使用温度 60 ℃～70 ℃减压或常压蒸发浓缩、冷冻干燥等方法。液体受试物经浓缩后达到人体推荐量的试验要求,但不能通过灌胃给予的,容许以掺入饲料的方式给予实验动物。

4.4 不易粉碎的固体受试物处理

不易粉碎的固体受试物(如含胶基、蜜饯类)可用冻干粉碎的方式处理,并在试验报告中详细说明。

4.5 含乙醇的受试物处理

推荐量较大的含乙醇的受试物,在按其推荐量设计试验剂量时,如超过动物最大灌胃容量,可以进行浓缩。乙醇浓度低于体积分数的 15%的受试物,浓缩后的乙醇应恢复至受试物定型产品原来的浓度。乙醇浓度高于 15%的受试物,浓缩后应将乙醇浓度调整至 15%,并将各剂量组的乙醇浓度调整一致。不需要浓缩的受试物,其乙醇浓度＞15%时,应将各剂量组的乙醇浓度调整至 15%。当进行细菌回复突变试验和果蝇试验时应将乙醇去除。在调整受试物的乙醇浓度时,原则上应使用生产该受试物的酒基。

4.6 含有人体必需营养素或已知存在安全问题等物质的受试物处理

如产品配方中含有某一过量摄入易产生安全性问题的人体必需营养素等物质(如维生素 A、硒等)或已知存在安全问题物质(如咖啡因等),在按其推荐量设计试验剂量时,如该物质的剂量达到已知的毒作用剂量,在原有剂量设计的基础上,应考虑增设去除该物质或降低该物质剂量(如降至未观察到有害作用剂量)的受试物剂量组,以便对受试物中其他成分的毒性作用及该物质与其他成分的联合毒性作用做出评价。

4.7 含益生菌或其他微生物的受试物处理

含益生菌或其他微生物的受试物在进行细菌回复突变试验或体外细胞试验时,应将微生物灭活,并说明具体方法。

4.8 人体推荐量较大的受试物处理

对人体推荐量较大的受试物,在按其推荐量设计试验剂量时,如超过动物的最大灌胃容量或超过掺入饲料中的限量(质量分数的 10%),此时可允许去除无安全问题的辅料部分进行试验,并在试验报告中详细说明。

4.9 人体推荐量较小的受试物处理

人体推荐量较小的受试物,应通过灌胃给予的方式进行试验。

4.10 受试物掺入饲料的处理

如掺入饲料中的受试物超过质量分数的 5%,按动物的营养需要调整饲料配方后进行试验,如蛋白质调整可以用酪蛋白、脂肪调整可用植物油等，并说明具体调整的方法。添加的受试物原则上最高不超过饲料质量分数的10%，如超过质量分数的10%，应说明理由。

4.11 食品相关产品类受试物的处理

4.11.1 浸泡溶媒

根据产品的类型和用途，可选用蒸馏水、4%乙酸、65%乙醇和正己烷等。

4.11.2 浸泡温度和时间

根据食品容器和包装材料的理化性质、性能和使用情况，应选用浸泡出最大浸出物的温度和时间。一般情况下对受试物浸泡的温度和时间规定如下：

a) 蒸馏水，60 ℃浸泡 2 h；

b) 4%乙酸，60 ℃浸泡 2 h；

c) 65%乙醇，常温浸泡 2 h；

d) 正己烷，常温浸泡 2 h。

4.11.3 浸泡体积

受试物应被浸泡液浸没，浸泡溶媒与受试物表面积的比例，一般采用 1 cm^2 面积接触 2.0 mL 的浸泡液。

中华人民共和国国家标准

GB 15193.22—2014

食品安全国家标准
28天经口毒性试验

2014-12-01发布　　2015-05-01实施

中华人民共和国
国家卫生和计划生育委员会　发布

食品安全国家标准
28天经口毒性试验

1 范围

本标准规定了实验动物28天经口毒性试验的基本试验方法和技术要求。

本标准适用于评价受试物的短期毒性作用。

2 术语和定义

2.1 重复剂量28天经口毒性

实验动物连续28天经口接触受试物后引起的健康损害效应。

2.2 未观察到有害作用剂量

通过动物试验,以现有的技术手段和检测指标未观察到任何与受试物有关的毒性作用的最大剂量。

2.3 最小观察到有害作用剂量

在规定的条件下,受试物引起实验动物组织形态、功能、生长发育等有害效应的最小作用剂量。

2.4 靶器官

实验动物出现由受试物引起明显毒性作用的器官。

2.5 卫星组

在毒性研究设计和实施中外加的动物组,其处理和饲养条件与主要研究的动物相似,用于试验中期或试验结束恢复期观察和检测,也可用于不包括在主要研究内的其他指标及参数的观察和检测。

3 试验目的和原理

确定在28天内经口连续接触受试物后引起的毒性效应,了解受试物剂量-反应关系和毒作用靶器官,确定28天经口最小观察到有害作用剂量(LOAEL)和未观察到有害作用剂量(NOAEL),初步评价受试物经口的安全性,并为下一步较长期毒性和慢性毒性试验剂量、观察指标、毒性终点的选择提供依据。

4 仪器和试剂

4.1 仪器/器械

实验室常用解剖器械、电子天平、生物显微镜、检眼镜、生化分析仪、血球分析仪、凝血分析仪、尿液分析仪、离心机、石蜡切片机等。

4.2 试剂

甲醛、二甲苯、乙醇、苏木素、伊红、石蜡、血球分析仪稀释剂、生化分析试剂、凝血分析试剂、尿液分析试剂等。

5 试验方法

5.1 受试物

受试物应使用原始样品,若不能使用原始样品,应按照受试物处理原则对受试物进行适当处理。将受试物掺入饲料、饮用水或灌胃给予。

5.2 实验动物

5.2.1 动物选择

实验动物的选择应符合 GB 14922.1 和 GB 14922.2 的有关规定。选择已有资料证明对受试物敏感的物种和品系,一般啮齿类动物首选大鼠,非啮齿类动物首选犬(通常选用 Beagle 犬)。大鼠周龄推荐不超过 6 周,体重 50 g～100 g。试验开始时每个性别动物体重的差异不应超过平均体重的±20%。每组动物数不少于 20 只,雌雄各半;若计划试验结束做恢复期的观察,应增加动物数(对照和高剂量增加卫星组,每组 10 只,雌雄各半)。犬应选用 4 个月～6 个月幼犬,试验开始时每个性别动物体重差异不应超过平均体重的±20%,每组动物数不少于 8 只,雌雄各半;若计划试验结束做恢复期的观察,应增加动物数(对照和高剂量增加卫星组,每组 4 只,雌雄各半)。对照组动物性别和数量应与受试物组相同。

5.2.2 动物准备

试验前大鼠在实验动物房至少应进行 3 d～5 d(犬 7 d～14 d)环境适应和检疫观察。

5.2.3 动物饲养

实验动物饲养条件应符合 GB 14925、饮用水应符合 GB 5749、饲料应符合 GB 14924 的有关规定。试验期间动物自由饮水和摄食,推荐单笼饲养,大鼠也可按组分性别分笼群饲,每笼动物数(一般不超过 3 只)应满足实验动物最低需要的空间,以不影响动物自由活动和观察动物的体征为宜。试验期间每组动物非试验因素死亡率应小于 10%,濒死动物应尽可能进行血液生化指标检测、大体解剖以及病理组织学检查,每组生物标本损失率应小于 10%。

5.3 剂量

5.3.1 分组

试验至少设 3 个受试物剂量组,1 个阴性(溶媒)对照组,必要时增设未处理对照组。若试验结束做恢复期观察,对照和高剂量需增设卫星组。对照组除不给受试物外,其余处理均同受试物剂量组。

5.3.2 剂量设计

5.3.2.1 原则上高剂量应使部分动物出现比较明显的毒性反应,但不引起死亡;低剂量不宜出现任何观察到毒效应(相当于 NOAEL),且高于人的实际接触水平;中剂量介于两者之间,可出现轻度的毒性效应,以得出 LOAEL。一般递减剂量的组间距以 2 倍～4 倍为宜,如受试物剂量总跨度过大,可加设剂量组。试验剂量的设计参考急性毒性 LD_{50} 剂量和人体实际摄入量进行。

5.3.2.2 能求出 LD_{50} 的受试物，以 LD_{50} 的10%～25%作为28天经口毒性试验的最高剂量组，此 LD_{50} 百分比的选择主要参考 LD_{50} 剂量-反应曲线的斜率。然后在此剂量下设几个剂量组，最低剂量组至少是人体预期摄入量的3倍。

5.3.2.3 求不出 LD_{50} 的受试物，试验剂量应尽可能涵盖人体预期摄入量100倍的剂量，在不影响动物摄食及营养平衡前提下应尽量提高高剂量组的剂量。对于人体拟摄入量较大的受试物，高剂量组亦可以按最大给予量设计。

5.4 试验步骤和观察指标

5.4.1 受试物给予

5.4.1.1 根据受试物的特性和试验目的，选择受试物掺入饲料、饮水或灌胃方式给予。若受试物影响动物适口性，应灌胃给予。受试物应连续给予28天。

5.4.1.2 受试物灌胃给予，要将受试物溶解或悬浮于合适的溶媒中，首选溶媒为水，不溶于水的受试物可使用植物油(如橄榄油、玉米油等)，不溶于水或油的受试物亦可使用羧甲基纤维素、淀粉等配成混悬液或糊状物等。受试物应现用现配，有资料表明其溶液或混悬液储存稳定者除外。应每日在同一时段灌胃1次，每周称体重2次，根据体重调整灌胃体积。灌胃体积一般不超过10 mL/kg体重，如为水溶液时，最大灌胃体积大鼠可达20 mL/kg体重，犬15 mL/kg体重；如为油性液体，灌胃体积应不超过4 mL/kg体重；各组灌胃体积一致。

5.4.1.3 受试物掺入饲料或饮水给予，要将受试物与饲料(或饮水)充分混匀并保证该受试物配制的稳定性和均一性，以不影响动物摄食、营养平衡和饮水量为原则，受试物掺入饲料比例一般小于质量分数5%，若超过5%时(最大不应超过10%)，调整对照组饲料营养素水平(若受试物无热量或营养成分，且添加比例大于5%时，对照组饲料应填充甲基纤维素等，掺入量等同高剂量)，使其与受试物组饲料营养素水平保持一致，同时增设未处理对照组；亦可视受试物热量或营养成分的状况调整受试物剂量组饲料营养素水平，使其与对照组饲料营养素水平保持一致。受试物剂量单位是每千克体重所摄入受试物的毫克(或克)数，即mg/kg体重(或g/kg体重)，当受试物掺入饲料其剂量单位亦可表示为mg/kg(或g/kg)饲料，掺入饮水则表示为mg/mL水。受试物掺入饲料时，需将受试物剂量(mg/kg体重)按动物每100 g体重的摄食量折算为受试物饲料浓度(mg/kg饲料)，一般28天经口毒性试验大鼠每日摄食量按体重10%折算。

5.4.2 一般临床观察

观察期限为28 d，若设恢复期观察，动物应停止给予受试物后继续观察14 d，以观察受试物毒性的可逆性、持续性和迟发效应。试验期间至少每天观察一次动物的一般临床表现，并记录动物出现中毒的体征、程度和持续时间及死亡情况。观察内容包括被毛、皮肤、眼、黏膜、分泌物、排泄物、呼吸系统、神经系统、自主活动(如：流泪、竖毛反应、瞳孔大小、异常呼吸)及行为表现(如：步态、姿势、对处理的反应、有无强直性或阵挛性活动、刻板反应、反常行为等)。对体质弱的动物应隔离，濒死和死亡动物应及时解剖。

5.4.3 体重和摄食及饮水消耗量

每周记录体重、摄食量，计算食物利用率；试验结束时，计算动物体重增长量、总摄食量、总食物利用率。受试物经饮水给予，应每日记录饮水量。如受试物经掺入饲料或饮水给予，应计算和报告受试物各剂量组实际摄入剂量。

5.4.4 眼部检查

试验前和试验结束时，至少对高剂量组和对照组实验动物进行眼部(角膜、球结膜、虹膜)检查，犬用荧光素钠进行检查,若发现高剂量组动物有眼部变化,则应对所有动物进行检查。

5.4.5 血液学检查

大鼠试验结束、恢复期结束(卫星组)进行血液学指标测定;犬试验前、试验结束、恢复期结束(卫星组)进行血液学指标测定。推荐指标为白细胞计数及分类(至少三分类)、红细胞计数、血红蛋白浓度、红细胞压积、血小板计数、凝血酶原时间(PT)、活化部分凝血活酶时间(APTT)等。如果对血液系统有影响,应加测网织红细胞、骨髓涂片细胞学检查。

5.4.6 血生化检查

大鼠试验结束、恢复期结束(卫星组)进行血液生化指标测定;犬试验前、试验结束、恢复期结束(卫星组)进行血液生化指标测定,应空腹采血。测定指标应包括电解质平衡、糖、脂和蛋白质代谢、肝(细胞、胆管)肾功能等方面。至少包含丙氨酸氨基转移酶(ALT)、门冬氨酸氨基转移酶(AST)、谷氨酰转肽酶(GGT)、碱性磷酸酶(AKP)、尿素(Urea)、肌酐(Cre)、血糖(Glu)、总蛋白(TP)、白蛋白(Alb)、总胆固醇(TC)、甘油三酯(TG)、氯、钾、钠指标。必要时可检测钙、磷、尿酸(UA)、胆碱酯酶、山梨醇脱氢酶、总胆汁酸(TBA)、高铁血红蛋白、激素等指标。应根据受试物的毒作用特点或构效关系增加检测内容。

5.4.7 尿液检查

大鼠在试验结束、恢复期结束(卫星组)时进行尿液常规检查,犬试验前、试验结束、恢复期结束(卫星组)进行尿液常规检查。包括尿蛋白、相对密度、pH、葡萄糖和潜血等。若预期有毒反应指征,应增加尿液检查的有关项目如尿沉渣镜检、细胞分析等。

5.4.8 体温、心电图检查

犬试验前、试验结束、恢复期结束(卫星组)应进行体温、心电图检查。

5.4.9 病理检查

5.4.9.1 大体解剖

试验结束时必须对所有动物进行大体检查,包括体表、颅、胸、腹腔及其脏器,并称心脏、胸腺、肾上腺、肝、肾、脾、睾丸的绝对重量,计算相对重量(脏/体比值)。

5.4.9.2 组织病理学检查

可以先对最高剂量组和对照组动物进行以下脏器组织病理学检查,发现病变后再对较低剂量组相应器官及组织进行检查。检测脏器应包括脑、甲状腺、胸腺、心脏、肝、脾、肾、肾上腺、胃、十二指肠、结肠、胰、肠系膜淋巴结、卵巢、睾丸、膀胱,必要时可加测脊髓(颈、胸、腰)、垂体、食道、空肠、回肠、直肠、唾液腺、颈淋巴结、气管、肺、动脉、子宫、乳腺、附睾、前列腺、骨和骨髓、坐骨神经和肌肉、皮肤和眼球等组织器官。对肉眼可见的病变或可疑病变组织进行病理组织学检查,出具组织病理学检查报告,病变组织给出病理组织学照片。

5.4.10 其他指标

必要时,根据受试物的性质及所观察的毒性反应,增加其他指标(如神经毒性、免疫毒性、内分泌毒性指标)。

6 数据处理和结果评价

6.1 数据处理

应将所有的数据和结果以表格形式进行总结,列出各组开始前的动物数、试验期间动物死亡数及死亡时间、出现毒性反应的动物数,列出所见的毒性反应,包括出现毒效应的时间、持续时间及程度。对计量资料给出均数、标准差。对动物体重、摄食量、饮水量(受试物经饮水给予)、食物利用率、血液学检查、血生化检查、尿液检查、脏器重量和脏体比值、病理检查等结果应以适当的方法进行统计学分析。一般情况,计量资料采用方差分析,进行多个试验组与对照组之间均数比较,分类资料采用 Fisher 精确分布检验、卡方检验、秩和检验,等级资料采用 Ridit 分析、秩和检验等。

6.2 结果评价

应将临床观察、生长发育情况、血液学检查、血生化检查、尿液检查、大体解剖、脏器重量和脏体比值、病理组织学检查等各项结果,结合统计结果进行综合分析,初步判断受试物毒作用特点、程度、靶器官、剂量-效应、剂量-反应关系,如设有恢复期卫星组,还可判断受试物毒作用的可逆性。在综合分析的基础得出 28 天经口毒性 LOAEL 和(或)NOAEL。初步评价受试物经口的安全性,并为进一步的毒性试验提供依据。

7 试验报告

7.1 试验名称、试验单位名称和联系方式、报告编号。

7.2 试验委托单位名称和联系方式、样品受理日期。

7.3 试验开始和结束日期、试验项目负责人、试验单位技术负责人、签发日期。

7.4 试验摘要。

7.5 受试物:名称、批号、剂型、状态(包括感官、性状、包装完整性、标识)、数量、前处理方法、溶媒。

7.6 实验动物:物种、品系、级别、数量、体重、性别、来源(供应商名称、实验动物生产许可证号),动物检疫、适应情况,饲养环境(温度、相对湿度、实验动物设施使用许可证号),饲料来源(供应商名称、实验动物饲料生产许可证号)。

7.7 试验方法:试验分组、每组动物数、剂量选择依据、受试物给予途径及期限、观察指标、统计学方法。

7.8 试验结果:动物生长活动情况、毒性反应特征(包括出现的时间和转归)、体重增长、摄食量、食物利用率、眼部检查、血液学检查、血生化检查、尿液检查、大体解剖、脏器重量和脏体比值、病理组织学检查结果。如受试物经掺入饲料或掺入饮水给予,报告各剂量组实际摄入剂量。

7.9 试验结论:受试物 28 天经口毒作用的特点,剂量反应关系,靶器官和可逆性。并得出 28 天经口毒性 NOAEL 和(或)LOAEL 结论等。

8 试验的解释

28 天经口毒性试验能提供受试物在较短时间内重复给予引起的毒性效应,毒作用特征及靶器官等有关资料。由于动物和人存在物种差异,试验结果外推到人有一定的局限性,但可为初步估计人群允许接触水平提供有价值的信息。

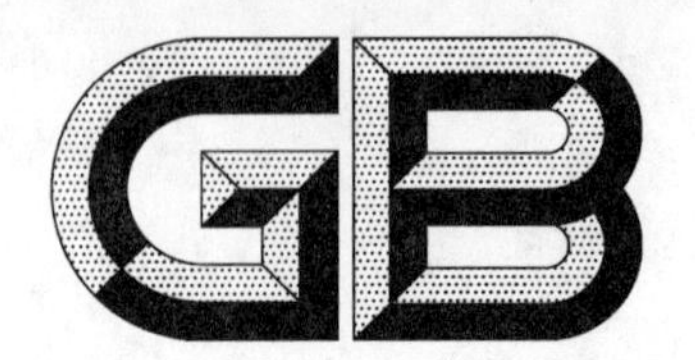

中华人民共和国国家标准

GB 15193.23—2014

食品安全国家标准
体外哺乳类细胞染色体畸变试验

2014-12-01 发布　　　　2015-05-01 实施

中华人民共和国国家卫生和计划生育委员会　发布

食品安全国家标准
体外哺乳类细胞染色体畸变试验

1 范围

本标准规定了体外哺乳类细胞染色体畸变试验的基本试验方法和技术要求。

本标准适用于评价受试物的体外哺乳类细胞染色体畸变。

2 术语和定义

2.1 染色体结构畸变

通过显微镜可以直接观察到的发生在细胞有丝分裂中期的染色体结构变化。如染色体中间缺失和断片、染色体互换等。染色体结构畸变可分为染色体型畸变(chromosome-type aberration)和染色单体型畸变(chromatid-type aberration)。

2.1.1 染色体型畸变

染色体结构损伤,表现为在两个染色单体的相同位点均出现断裂或断裂重组等改变。

2.1.2 染色单体型畸变

染色体结构损伤,表现为染色单体断裂或染色单体断裂重组等改变。

2.2 有丝分裂指数

中期相细胞数与所观察的细胞总数之比值;是反映细胞增殖程度的指标。

2.3 核内复制

在DNA复制的S期之后,细胞核未进行有丝分裂就开始了另一个S期的过程。其结果是染色体有4、8、16…倍的染色单体。

2.4 裂隙

染色体或染色单体损伤的长度小于一个染色单体的宽度,为染色单体的最小错误排列。

3 试验目的和原理

通过检测受试物是否诱发体外培养的哺乳类细胞染色体畸变,评价受试物致突变的可能性。在加入或不加入代谢活化系统的条件下,使培养的哺乳类细胞暴露于受试物中。用中期分裂相阻断剂(如秋水仙素或秋水仙胺)处理,使细胞停止在中期分裂相,随后收获细胞、制片、染色、分析染色体畸变。

4 仪器和试剂

4.1 仪器

细胞培养箱,倒置显微镜,超净台,离心机。

4.2 培养液

常用Eagle's MEM培养液(minimum essential medium,MEM),也可选用其他合适培养液。加入抗菌素(青霉素按100 IU/mL、链霉素100 μg/mL),将灭活的胎牛血清或小牛血清按10%的比例加入培养液。

4.3 代谢活化系统

4.3.1 S9辅助因子的配制

4.3.1.1 镁钾溶液

氯化镁1.9 g和氯化钾6.15 g加蒸馏水溶解至100 mL。

4.3.1.2 0.2 mol/L磷酸盐缓冲液(pH 7.4)

磷酸氢二钠(Na_2HPO_4,28.4 g/L)440 mL,磷酸二氢钠($NaH_2PO_4 \cdot H_2O$,27.6 g/L)60 mL,调pH至7.4,0.103 MPa 20 min灭菌或滤菌。

4.3.1.3 辅酶-Ⅱ(氧化型)溶液

无菌条件下称取辅酶-Ⅱ,用无菌蒸馏水溶解配制成0.025 mol/L溶液,现用现配。

4.3.1.4 葡萄糖-6-磷酸钠盐溶液

称取葡萄糖-6-磷酸钠盐,用蒸馏水溶解配制成0.05 mol/L,过滤灭菌。现用现配。

4.3.2 大鼠肝S9组分的诱导和配制

选健康雄性成年SD或Wistar大鼠,体重150 g～200 g,约5周龄～6周龄。将多氯联苯(Aroclor1254)溶于玉米油中,浓度为200 g/L,按500 mg/kg体重无菌操作一次腹腔注射,5 d后处死动物,处死前禁食12 h。

也可采用苯巴比妥钠和β-萘黄酮联合诱导的方法进行制备,经口灌胃给予大鼠苯巴比妥钠和β-萘黄酮,剂量均为80 mg/kg体重,连续3 d,禁食16 h后断头处死动物。其他操作同多氯联苯诱导。

处死动物后取出肝脏,称重后用新鲜冰冷的0.15 mol/L氯化钾溶液连续冲洗肝脏数次,以便除去能抑制微粒体酶活性的血红蛋白。每克肝(湿重)加0.1 mol/L氯化钾溶液3 mL,连同烧杯移入冰浴中,用消毒剪刀剪碎肝脏,在玻璃匀浆器(低于4 000 r/min,1 min～2 min)或组织匀浆器(低于20 000 r/min,1 min)中制成肝匀浆。以上操作需注意无菌和局部冷环境。

将制成的肝匀浆在低温(0 ℃～4 ℃)高速离心机上以9 000*g*离心10 min,吸出上清液为S9组分,分装于无菌冷冻管中,每管2 mL左右,最好用液氮或干冰速冻后置−80 ℃低温保存。

S9组分制成后,经无菌检查,测定蛋白含量(Lowry法),每毫升蛋白含量不超过40 mg为宜,并经间接致突变剂鉴定其生物活性合格后贮存于−80 ℃低温或冰冻干燥,保存期不超过1年。

4.3.3 10% S9混合液的制备

一般由S9组分和辅助因子按1∶9组成10%的S9混合液,无菌现用现配。10% S9混合液10 mL配制如下:

取上述磷酸盐缓冲液6.0 mL、镁钾溶液0.4 mL、葡萄糖-6-磷酸钠盐溶液1.0 mL、辅酶-Ⅱ溶液1.6 mL、肝S9组分1.0 mL,混匀,置冰浴中待用。

S9混合液浓度一般为1%～10%,实际使用浓度可由各实验室自行决定,但需对其活性进行鉴定,必须能明显活化阳性对照物,且对细胞无明显毒性。

4.4 秋水仙素溶液

用PBS溶液配制适当浓度的储备液,过滤除菌,在避光冷藏的条件下至少能保存6个月。

4.5 0.075 mol/L 氯化钾溶液

5.59 g 氯化钾加蒸馏水至1 000 mL。

4.6 固定液

甲醇∶冰醋酸为3∶1,临用前配制。根据试验条件,可适当调整冰醋酸的浓度,改善染色体分散度,但不宜过大,导致细胞破裂。

4.7 姬姆萨(Giemsa)染液

取姬姆萨染料3.8 g,置乳钵中,加少量甲醇研磨。逐渐加甲醇至375 mL,待完全溶解后,再加125 mL甘油,放入37 ℃温箱中保温48 h。保温期间振摇数次,使充分溶解。取出过滤,2周后使用,作为姬姆萨染液原液。使用时,取1份姬姆萨染液原液,与9份1/15 mol/L磷酸盐缓冲液(pH 6.8)混合,配成其应用液,现配现用。

磷酸盐缓冲液(1/15 mol/L,pH 6.8)配制方法如下:

a) 第一液:取磷酸氢二钠(Na_2HPO_4)9.47 g溶于去离子水1 000 mL中,配成1/15 mol/L溶液;
b) 第二液:取磷酸二氢钾(KH_2PO_4)9.07 g溶于去离子水1 000 mL中,配成1/15 mol/L溶液;
c) 取第一液50 mL加于第二液50 mL中混匀,即为pH 6.8的1/15 mol/L磷酸盐缓冲液。

5 试验方法

5.1 受试物

固体受试物应溶解或悬浮于适合的溶媒中,并稀释至适当浓度。液体受试物可直接使用或稀释至适当浓度。受试物应无菌现用现配,否则须确认储存不影响其稳定性。

5.2 细胞株

可选用中国仓鼠肺(CHL)细胞株或卵巢(CHO)细胞株、人或其他哺乳动物外周血淋巴细胞(lymphocyte)。试验前检查细胞的核型和染色体数目,检测细胞有无支原体污染。推荐使用中国仓鼠肺(CHL)细胞株。

5.3 剂量

5.3.1 剂量设置

受试物至少应取3个检测剂量。对有细胞毒性的受试物,其剂量范围应包括从最大毒性至几乎无毒性(细胞存活率在20%～100%的范围内);通常浓度间隔系数不大于2～$\sqrt{10}$。

5.3.2 最高剂量的选择

当收获细胞时,最高剂量应能明显减少细胞计数或有丝分裂指数(大于50%,如毒性过大,应适当增加接种细胞数);同时应该考虑受试物对溶解度、pH和摩尔渗透压浓度的影响;对无细胞毒性或细胞毒性很小的化合物,最高剂量应达到5 μL/mL、5 mg/mL或10 mmol/L。

对溶解度较低的物质，当达到最大溶解浓度时仍无毒性，则最高剂量应是在最终培养液中溶解度限值以上的一个浓度。在某些情况下，应使用一个以上可见沉淀的浓度，溶解性可用肉眼鉴别，但沉淀不能影响观察。

5.3.3 细胞毒性的确定

测定细胞毒性可使用指示细胞完整性和生长情况的指标，如相对集落形成率或相对细胞生长率等。应在 S9 系统存在或不存在的条件下测定细胞毒性。

5.3.4 阳性对照

可根据受试物的性质和结构选择适宜的阳性对照物，应是已知的断裂剂，能引起可检出的、并可重复的阳性结果。当不存在外源性代谢活化系统时，可使用的阳性对照物有甲磺酸甲酯（methyl methanesulphonate，MMS）、甲磺酸乙酯（ethyl methanesulphonate，EMS）、丝裂霉素 C（mytomycin C）、乙基亚硝基脲（ethyl nitrosourea，ENU）、硝基喹啉-*N*-氧化物（4-nitroquinoline-*N*-oxide）等。当存在外源性活化系统时，可使的阳性对照物有苯并[*a*]芘[benzo（*a*）pyrene，BaP]、环磷酰胺（cyclophosphamide）等。

不加 S9 的阳性对照常用丝裂霉素 C，其常用浓度为 0.2 μg/mL～0.8 μg/mL。其 pH 为 6～9 的水溶液在 0 ℃～5 ℃下避光保存能存放 1 周。加 S9 的阳性对照常用环磷酰胺，其常用浓度为 8 μg/mL～15 μg/mL。其水溶液不稳定，应现配现用。

5.3.5 阴性对照

溶媒应为非致突变物，不与受试物发生化学反应，不影响细胞存活和 S9 活性。首选溶媒对照是不含血清的培养液和水，亦可使用二甲基亚砜（DMSO），但浓度不应大于 0.5%。

5.3.6 空白对照

如果没有文献资料或历史资料证实所用溶媒无致突变作用时应设空白对照。

5.4 试验步骤

5.4.1 细胞培养与染毒

试验需在加入和不加入 S9（S9 的终浓度常为 1%～10%，以细胞毒性试验结果为准）的条件下进行。试验前一天，将一定数量的细胞接种于培养皿（瓶）中[以收获细胞时，培养皿（瓶）的细胞未长满为标准，一般以长到 85%左右为佳；如用 CHL 细胞，可接种 1×10^6 个]，放 CO_2 培养箱内培养。试验时吸去培养皿（瓶）中的培养液，加入一定浓度的受试物、S9 混合液（不加 S9 混合液时，需用培养液补足）以及一定量不含血清的培养液，置培养箱中处理 2 h～6 h。处理结束后，吸去含受试物的培养液，用 PBS 溶液洗细胞 3 次，加入含 10%胎牛血清的培养液，放回培养箱，于 24 h 收获细胞。于收获前 2 h～4 h，加入细胞分裂中期阻断剂（如用秋水仙素，终浓度为 0.1 μg/mL～1 μg/mL）。

当受试物为单一化学物质时，如果在上述加入和不加入 S9 混合液的条件下均获得阴性结果，则需加做长时间处理的试验，即在没有 S9 混合液的条件下，使受试物与试验系统的接触时间延长至 24 h。当难以得出明确结论时，应更换试验条件，如改变代谢活化条件、受试物与试验系统接触时间等重复试验。

5.4.2 收获细胞与制片

5.4.2.1 消化

用 0.25%胰蛋白酶溶液消化细胞，待细胞脱落后，加入含 10%胎牛或小牛血清的培养液终止胰蛋白酶的作用,混匀,放入离心管以 800 r/min~1 000 r/min 的速度离心 5 min,弃去上清液。

5.4.2.2 低渗

加入 0.075 mol/L 氯化钾溶液 2 mL,用滴管将细胞轻轻地混匀,放入 37 ℃细胞培养箱中低渗处理 30 min~40 min。

5.4.2.3 固定

加入 2 mL 固定液,混匀后固定 5 min 以上,以 800 r/min~1 000 r/min 速度离心 5 min,弃去上清液。重复一次,弃去上清液。

5.4.2.4 滴片

加入数滴新鲜固定液,混匀。用混悬液滴片,自然干燥。玻片使用前用冰水浸泡。

5.4.2.5 染色

5%~10%姬姆萨染液,15 min~20 min。

5.4.3 阅片

在油镜下阅片,每一剂量组应分析不少于 100 个分散良好的中期分裂相,且每个观察细胞的染色体数在 $2n \pm 2$ 范围之内。对于畸变细胞还应记录显微镜视野的坐标位置及畸变类型。

5.5 观察指标

5.5.1 染色体数目的改变

5.5.1.1 非整倍体:亚二倍体或超二倍体。
5.5.1.2 多倍体:染色体成倍增加。
5.5.1.3 核内复制:核膜内的特殊形式的多倍化现象。

5.5.2 染色体结构的改变

5.5.2.1 断裂:损伤长度大于染色体的宽度。
5.5.2.2 微小体:较断片小而呈圆形。
5.5.2.3 有着丝点环:带有着丝点部分,两端形成环状结构并伴有一双无着丝点断片。
5.5.2.4 无着丝点环:成环状结构。
5.5.2.5 单体互换:形成三辐体、四辐体或多种形状的图像。
5.5.2.6 双微小体:成对的染色质小体。
5.5.2.7 裂隙:损伤的长度小于染色单体的宽度。
5.5.2.8 非特定性型变化:如粉碎化、着丝点细长化、黏着等。

6 数据处理和结果评价

6.1 数据处理

数据按不同剂量列表,指标包括观察细胞数、畸变细胞数、染色体畸变率、各剂量组及对照组不同类型染色体畸变数与畸变率等。裂隙应单独记录和报告,但一般不计入总的畸变率。各组的染色体畸变率用 χ^2 检验进行统计学处理。

6.2 结果评价

下列两种情况可判定受试物在本试验系统中为阳性结果：

a) 受试物引起染色体结构畸变数的增加具有统计学意义，并与剂量相关；

b) 受试物在任何一个剂量条件下，引起的染色体结构畸变数增加具有统计学意义，并有可重复性。

7 试验报告

7.1 试验名称、试验单位名称和联系方式、报告编号。

7.2 试验委托单位名称和联系方式、样品受理日期。

7.3 试验开始和结束日期、试验项目负责人、试验单位技术负责人、签发日期。

7.4 试验摘要。

7.5 受试物：名称、鉴定资料、CAS号(如已知)、纯度、与本试验有关的受试物的物理和化学性质及稳定性等。

7.6 溶媒：溶媒的选择依据为受试物在溶媒中的溶剂性和稳定性。

7.7 细胞株：细胞株的来源、名称。

7.8 试验条件：剂量、代谢活化系统、标准诱变剂、操作步骤等。

7.8.1 代谢活化系统：制备S9所用酶的诱导剂、选用的动物品种和来源、S9混合液的配方。

7.8.2 对照物：阳性对照物的名称、生产厂家、批号和选用浓度。

7.8.3 培养液：所用培养液的名称、血清类别和使用浓度。

7.8.4 接种的细胞密度以及所用培养皿(瓶)的规格。

7.8.5 中期分裂阻断剂：名称、所用浓度、作用时间。

7.8.6 处理时间：受试物与试验系统的接触时间。

7.8.7 制片方法、分析的中期分裂相数目、结果评价方法。

7.9 试验结果。

7.9.1 试验结果应包括细胞毒性的测定、加受试物后的溶解情况及对pH和渗透压的影响(如果有影响)。

7.9.2 各剂量组和对照组细胞染色体畸变率。

7.9.3 本实验室的阳性对照组和阴性对照组(常用溶媒，如DMSO)在本实验室历史上的染色体畸变率范围和检测数(说明样品数)。

7.10 试验结论：给出受试物在试验条件下是否引起体外培养的细胞染色体畸变的结论，必要时对有关问题进行讨论。

8 试验的解释

大部分的致突变剂导致染色单体型畸变，偶有染色体型畸变发生。虽然多倍体的增加可能预示着染色体数目畸变的可能，但本方法并不适用于检测染色体的数目畸变。阳性结果表明受试物在该试验条件下可引起所用哺乳类细胞染色体畸变。阴性结果表明在该试验条件下受试物不引起所用哺乳类细胞染色体畸变。评价时应综合考虑生物学和统计学意义。

中华人民共和国国家标准

GB 15193.24—2014

食品安全国家标准

食品安全性毒理学评价中病理学检查技术要求

2014-12-01 发布　　　　2015-05-01 实施

中华人民共和国
国家卫生和计划生育委员会 发布

食品安全国家标准
食品安全性毒理学评价中病理学检查技术要求

1 范围

本标准规定了食品安全性毒理学评价中常规病理学检查技术要求。

本标准适用于食品安全性毒理学评价中常规病理学检查。

2 目的

通过对病理学检查技术要求的规定，规范检查者的操作、减少检查结果的偏差，使组织病理学检查结果更为科学、有效，有利于实验室间的比较和科学数据的积累，为食品毒理学安全性评价提供形态学评价证据。

3 术语和定义

3.1 大体观察

运用肉眼或辅以放大镜、量尺和天平等工具对大体标本及其病变性状进行观察并记录检查所见的过程。

3.2 取样

对受试动物剖检时摘取器官组织的全部或切取其代表性部位与病变部位以用做病理学检查的标本。

3.3 固定

将取样标本浸入固定液中，使组织细胞内的物质尽量接近其活体状态时的形态结构和位置的过程。

3.4 取材

从已固定取样的标本上按照病理检查的目的和要求切取适当大小的组织块的过程。

3.5 脱水

将固定修切后的组织块经过一系列脱水剂浸透置换组织内水分，使包埋介质可以浸透入组织的过程。

3.6 透明

组织块脱水后，浸入一种既能与脱水剂又能与包埋剂互溶的溶剂中，使包埋剂浸入组织块的过程。

3.7 浸蜡

组织块经透明后，在融化的不同熔点、梯度浓度的石蜡内浸渍的过程。

3.8 包埋

组织块经过浸透剂浸透，用包埋剂(通常为石蜡)包被的过程。

3.9 切片

包埋后的组织块在切片机上切成薄片，粘附在载玻片上的过程。

3.10 染色

为确定组织或细胞中的正常结构或病变结构，选用相应的显示这些成分的染料，经过一系列特殊处理，使染料与组织或细胞成分结合，提高标本的可观察性。

4 病理学检查的一般要求

4.1 人员要求

4.1.1 病理工作人员由病理负责人及病理技术人员组成，病理工作人员应具有良好的职业道德、科学严谨的工作态度，能够运用专业知识完成本职工作。

4.1.2 病理负责人应具有医学病理学或兽医病理学背景，具备病理学理论知识与病理学诊断经验，可以准确的进行阅片，熟悉病理报告流程并对组织切片的组织病理学评价负责，包括对组织异常改变的鉴定和解释。

4.1.3 病理技术人员应具有医学、兽医学或生物学背景，或有相关检验经验，经过病理检验培训，熟练掌握病理学基本技术。在工作中应严格执行规范的技术操作规程。

4.2 设施和环境条件要求

4.2.1 病理实验室常规工作区按质量控制要求应设有独立的房间或功能区，包括标本存放室、取材室、冰冻切片室(区)，常规制片预处理(组织脱水、透明、浸蜡、包埋)室(区)，常规制片(切片、染色、封片)室(区)，组织病理学诊断室，病理资料档案室。

4.2.2 实验室应有良好的通风及照明设备，备有应急电源和个人消毒防护设施、紧急救护设施等。

4.2.3 对病理检测相关设备应有相应的检测、维护保养、报废等操作管理规程。

4.3 技术要求

4.3.1 由病理负责人验收送检组织标本，核对相关信息并记录。

4.3.2 在病理标本制作和检查过程中，应严格按相应的标准操作程序(SOPs)进行操作。

4.3.3 由病理负责人进行显微镜观察，在出具病理报告前了解试验相关的各项资料，包括试验设计，受试物的理化特性和生物活性特点，给予受试物的方式、剂量和期限，实验动物的物种、品系、周龄、临床表现、生化和生理学指标等。

4.3.4 为获得可靠的病理检查结果，同一项动物试验所有被评价的组织切片需由同一位病理负责人按照统一的标准，对组织病理变化进行诊断和分级。必要时可由机构内或机构外病理专家进行复核。

4.4 文件和记录控制要求

病理学检查应设有相应的表格对试验过程及结果做完整的记录，并及时录入实验室计算机电子化数据记录系统，确保数据的完整性、准确性和可溯源性。

5 病理学检查具体技术要求

5.1 病理剖检前应了解实验动物的一般临床表现，并有相应的记录。

5.2 需要进行病理解剖检查的实验动物的编号、组别、性别等个体信息要有清晰明确的记录。

5.3 剖检前对实验动物的体表应仔细检查，包括动物的被毛（密或疏、光泽、脱毛或污染）和动物体表黏膜状况，观察皮肤及黏膜是否有肉眼可见的色素、角化、贫血、黄疸、水肿、结节、出血、淤血、创伤、糜烂及溃疡等异常改变。在剖检中对组织器官位置、外观、形态、色泽、质地进行仔细观察，判断受试物是否引起动物的组织、器官出现形状、大小、颜色、质地等方面的病理改变，是否出现病理性移位，受试动物的胸腔、腹腔及心包是否有体液残留及其性状（包括颜色及透明度等）改变。

5.4 器官组织摘取时，应按规范的剖检顺序：腹腔剖检、胸腔剖检、盆腔剖检、颈部剖检、体腔器官取出、体腔器官分离和肉眼观察、脑和脊髓剖检、椎体和骨髓剖检进行。剖检中见到的所有病理性改变应做详细记录，必要时需有图片、影像记录。胃摘除后沿胃大弯剪开，将胃内容物用生理盐水漂洗干净，将胃浆膜层粘附于硬纸板上后投入到固定液中，肠道可采用中性福尔马林溶液灌注的方式固定。肺叶取样时需在肺表面覆盖浸含固定液的薄层脱脂棉，以防肺组织漂浮于固定液表面而导致固定不充分，必要时可从支气管注入适量中性福尔马林溶液。肾组织取样时沿肾外缘中线朝肾门方向做一水平切面再行固定。肝组织取样时由肝脏背面沿其长轴每间隔 1.5 cm～2.0 cm 纵向平行剖开后固定。心脏取样时沿冠状沟切开后清除掉血块后固定。骨组织在中性福尔马林溶液中固定 24 h 后再进行脱钙。对需做病理检查的取样标本尽量避免外力和器械对组织造成的人工损伤，取样标本大小应适宜，以固定液可以充分浸透中心为宜。

5.5 对试验期间死亡及濒死动物应及时剖检，迅速摘取器官组织后切取适宜的标本固定。

5.6 需要称重的器官组织，在称重前应尽量将周围脂肪组织和结缔组织剔除，并用滤纸吸去器官组织表面血液及体液，特别是肾上腺、甲状腺、前列腺等较小的器官，摘除后要立即称重，防止器官干燥失水而重量减轻。管腔器官组织称重前，应清除其腔内液体，如心脏应除去血块，胃肠道需冲洗出内容物。成对器官组织要一同称量，根据器官组织重量选择适宜的天平，迅速称重并按照组织清单表对剖检动物需摘取的器官组织进行核对后及时固定。

5.7 病理取样标本的固定应根据试验目的和组织标本的特点选择适宜的固定液和固定方式，固定应及时充分，并尽早取材制片。常规固定液为中性福尔马林溶液，根据特殊病理学检查（特殊染色和组织化学染色、免疫组织化学染色和原位核酸分子杂交染色，电镜观察等）的需要，应选用其他适宜的固定液。固定液与取样标本体积比至少为 4∶1，固定时间一般为 48 h～72 h。

5.8 对试验设计方案中要求检查的器官或组织取材的位置、方向（切面）要保持一致，切取的组织块大小适宜，结构完整；非要求器官或部位出现异常时，应保留额外的标本，选择病变中心及正常与病变交界处组织取材；取材记录要完整。

5.9 进行病理学检查的标本根据染色需要进行必要的前处理，对组织进行必要的修切，修切后组织一般厚度应在 3 mm～5 mm，修切后的组织需经脱水、透明、浸蜡及包埋等处理。

5.10 包埋的组织标本应表面平整，切片应包括组织器官的全部结构，石蜡切片厚度一般为 3 μm～5 μm，同时作多种染色时要采取连续切片。包埋时组织块的最大面或被特别指定部分的组织面应向下，包埋于同一蜡块内的多块细小组织应彼此靠近并位于同一平面上，腔壁、皮肤和粘膜组织必须垂直包埋（立埋）。制片时避免人工损伤。

5.11 常规病理学检查一般为石蜡切片和苏木素-伊红（H&E）染色，必要时可增加组织化学染色（包括特殊染色）、免疫组织化学染色等相关诊断技术进行病理检查。

5.12 组织制片过程中，应确保切片号与蜡块号一致。良好的组织切片应包括受检组织的完整切面，无褶无刀痕，核浆染色分明，分色适度，洁净透明，封裱美观。制片完成后，病理技术人员应将切片与其相应的病理学检查记录和取材工作记录认真进行核对，确认无误后，将制备好的切片及相应的记录等一并移交给病理负责人，交接双方经核对无误后，办理移交签字手续。

5.13 病理负责人阅片时对切片要进行全面观察，阅片应按动物编号或按组织顺序进行，所有切片标本都要按顺序逐一观察，描述并做记录。病理结果描述应客观、细致、全面、形象，应使用标准的病理学专业术语，对有意义的典型病变应有图片记录。需鉴别诊断时应进行特殊染色以确定其性质。

5.14 对非肿瘤性病变性质和范围可采用半定量的方法来区别形态变化的差异。

5.15 肿瘤病理学检查，必须明确区别增生、发育异常、瘤样增生和肿瘤类型。试验观察的结果分为：

a) 良性和恶性；
b) 原发性和继发性；
c) 肿瘤发生率。

6 病理学检查的质量控制

6.1 为减少操作带来的影响，在剖检和制片过程中应采用对照组与试验组组间交叉方式进行。

6.2 应确保组织取材适当，如无肉眼可见病变，器官和组织的取材部位应统一。组织切片应包含器官和组织的全部结构，制成的切片需进行质量检查，如切片不合格时，保留原切片并重新制片，再制片要有详细的取材、制片记录等信息。

6.3 病理报告观察结果应使用专业术语进行详细的描述。

6.4 实验室应制定各试验环节相应的标准操作程序(SOPs)。

6.5 所用试剂标签应清晰明确，购买试剂应包括试剂名称、浓度和(或)纯度、贮存条件、购买人、购买日期、产品批号、开封使用日期等信息，配制试剂应包括所配试剂浓度、配制人、配制日期、有效期等信息，所有试剂应有详细的使用记录。

6.6 为避免动物组织标本的混淆，取样标本、蜡块、切片的编号采用同一标识系统分级进行编号。

6.7 取样标本、蜡块、切片应有独立的临时保存和归档保存空间，试验结束后按照病理档案管理的标准操作程序进行归档保存。

7 病理学检查中应注意的问题

7.1 大体病理剖检的描述。对大体解剖发现的病变应做详细的记录，必要时应用图片或示意图来标注病变所在位置、颜色、大小、性状等特征。应使用描述性语言，勿用诊断术语。

7.2 组织病理学变化的描述。对组织病理学变化的描述应包括病变在器官、组织内的定位，病变的分布和范围，病变的性质及病变程度等。

7.3 诊断术语的使用。术语应统一、清晰、准确，为专业同行认可，不应生造术语。

7.4 病理学检查应充分考虑以下因素：

a) 病变产生的部位、性质、程度、分布特点；
b) 在各剂量组出现频度规律性及与对照组比较的特异性；
c) 病变与受试物的剂量-效应关系；
d) 病变特点与处理因素构效关系；
e) 病程进度与处理因素时相关系；
f) 镜检结果与剖检病变、器官组织重量、动物临床表现、血液生化检验、尿检验以及特殊检验间的关联；
g) 人为因素和非试验因素引起的病变；
h) 历史背景和本次试验背景(历史对照和本次对照)及相关知识等作为鉴别诊断的依据。

8 病理学检查报告的基本内容

8.1 标题

按“受试动物＋给予受试物方式＋受试物名称＋毒理学试验项目”等相关信息命名。

8.2 受试物及送检信息

应包括毒理学试验项目、受试物名称、受试物编号、送检单位或送检人、标本固定时间、送检时间、动物来源、动物品系、动物级别、病理编号、染色方法、报告时间等信息。

8.3 目的

简述本次试验观察指标的组织病理学改变及意义。

8.4 材料和方法

应包括实验动物品种、数量、分组，器官组织名称、数量，试剂，仪器，制片和染色方法。

8.5 结果

应用病理结论性语言总结描述剖检及组织病理学检查结果。

8.5.1 剖检结果：使用病理结论性语言描述总结观察到的外观、体表及器官组织由受试物所引起的有意义的病变。

8.5.2 组织病理学检查结果：使用病理结论性语言描述总结观察到的由受试物引起的病变，列表说明病变例数。

8.5.3 对试验期间死亡或濒死动物的剖检和组织病理学检查结果进行总结描述，并分析死因。

8.6 讨论

必要时进行讨论。

8.7 结论

所有检查项目均应给出是否与受试物有相关性的意见。

8.8 签名

包括病理检验人、校核人签名，并注明日期。

8.9 参考文献

必要时列出参考文献。

9 同行评审

9.1 病理学检查一般由一位病理负责人完成阅片及报告，在特殊情况下如果由多位病理人员参与组织病理学观察，结果存在分歧时，应组织非本单位同行评审。

9.2 同行评审意见作为参考，最后结论由病理负责人确定。

9.3 必要时同行评审意见作为附件附在报告后。

中华人民共和国国家标准

GB 15193.25—2014

食品安全国家标准
生殖发育毒性试验

2014-12-01 发布　　2015-05-01 实施

中华人民共和国
国家卫生和计划生育委员会　发布

食品安全国家标准
生殖发育毒性试验

1 范围

本标准规定了生殖发育毒性试验的基本试验方法和技术要求。

本标准适用于评价受试物的生殖发育毒性作用。

2 术语和定义

2.1 生殖毒性

对雄性和雌性生殖功能或能力的损害和对后代的有害影响。生殖毒性既可发生于雌性妊娠期，也可发生于妊前期和哺乳期。表现为外源化学物对生殖过程的影响，如生殖器官及内分泌系统的变化，对性周期和性行为的影响，以及对生育力和妊娠结局的影响等。

2.2 发育毒性

个体在出生前暴露于受试物、发育成为成体之前(包括胚期、胎期以及出生后)出现的有害作用，表现为发育生物体的结构异常、生长改变、功能缺陷和死亡。

2.3 母体毒性

受试物引起亲代雌性妊娠动物直接或间接的健康损害效应，表现为增重减少、功能异常、中毒体征，甚至死亡。

2.4 未观察到有害作用剂量

通过动物试验，以现有的技术手段和检测指标未观察到任何与受试物有关的毒性作用的最大剂量。

2.5 最小观察到有害作用剂量

在规定的条件下，受试物引起实验动物组织形态、功能、生长发育等有害效应的最小作用剂量。

3 试验目的和原理

本试验包括三代(F0、F1 和 F2 代)。F0 和 F1 代给予受试物，观察生殖毒性，F2 代观察功能发育毒性。提供关于受试物对雌性和雄性动物生殖发育功能影响：如性腺功能、交配行为、受孕、分娩、哺乳、断乳以及子代的生长发育和神经行为情况等。毒性作用主要包括子代出生后死亡的增加，生长与发育的改变，子代的功能缺陷(包括神经行为、生理发育)和生殖异常等。

4 试验方法

4.1 受试物

受试物应首先使用原始样品，若不能使用原始样品，应按照受试物处理原则对受试物进行适当处理。将受试物掺入饲料、饮用水或灌胃给予。

4.2 实验动物

4.2.1 动物选择

实验动物的选择应符合GB 14922.1和GB 14922.2的有关规定。选择已有资料证明对受试物敏感的动物物种和品系，一般啮齿类动物首选大鼠，避免选用生殖率低或发育缺陷发生率高的品系。为了正确地评价受试物对动物生殖和发育能力的影响，两种性别的动物都应使用。所选动物应注明物种、品系、性别、体重和周龄。同性别实验动物个体间体重相差不超过平均体重的±20%。选用的亲代(F0代)雌鼠应为非经产鼠、非孕鼠。

4.2.2 实验动物数量

为了获得具有统计学要求的基本试验数据，正确地评价受试物对动物生殖发育过程(包括F0代动物生殖、妊娠和哺育的过程，子一代(F1代)动物从出生到成熟过程中的吸乳、生长发育情况，以及子二代(F2代)动物从出生到断乳的生长发育过程相关指标)可能引起的毒性作用，需保证每个受试物组及对照组都能至少获得20只孕鼠。一般在试验开始时两种性别每组各需要30只(F0代)，在后续的试验中用来交配的动物每种性别每组各需要25只(F1代)(至少每窝雌雄各取1只，最多每窝雌雄各取2只)。

4.2.3 动物准备

试验前动物在实验动物房至少应进行3 d～5 d环境适应和检疫观察，方可进行生殖发育毒性试验。

4.2.4 动物饲养环境

实验动物饲养条件、饮用水、饲料应符合GB 14924、GB 14925、GB 5749的有关规定。实验动物按单笼或按性别分笼饲养，自由饮食、饮水。孕鼠临近分娩时，应单独饲养在分娩笼中，需要时笼中放置造窝垫料。

4.3 剂量及分组

动物按体重随机分组，试验至少设三个受试物组和一个对照组。如果受试物使用溶剂，对照组应给予溶剂的最大使用量。如果受试物引起动物食物摄入量和利用率下降时，那么对照组动物需要与试验组动物配对喂饲。某些受试物的高剂量受试物组设计应考虑其对营养素平衡的影响，对于非营养成分受试物剂量不应超过饲料的5%。

在受试物理化和生物特性允许的条件下，最高剂量应使F0和F1代动物出现明显的毒性反应，但不引起动物死亡；中间剂量可引起轻微的毒性反应；低剂量应不引起亲代及其子代动物的任何毒性反应。如果受试物的毒性较低，1 000 mg/kg体重的剂量仍未观察到对生殖发育过程有任何毒副作用，则可以采用限量试验，即试验不再考虑增设受试物其他剂量组。若高剂量的预试验观察到明显的母体毒性作用，但对生育无影响，也可以采用限量试验。

4.4 试验步骤

4.4.1 受试物给予

4.4.1.1 试验期间，所有动物应采用相同的方式给予受试物；如受试物经灌胃给予，灌胃频次按每天1次，每周7天给予受试物。各代大鼠给予的受试物剂量(按动物体重给予，mg/kg体重或g/kg体重)、饲料和饮水相同。

4.4.1.2 根据受试物的特性或试验目的,可将受试物掺入饲料、饮水或灌胃给予。首选掺入饲料,若受试物加入饲料或饮水中影响动物的适口性,则应选择灌胃给予受试物。

4.4.1.3 受试物灌胃给予,要将受试物溶解或悬浮于合适的溶媒中,首选溶媒为水、不溶于水的受试物可使用植物油(如橄榄油、玉米油等),不溶于水或油的受试物亦可使用羧甲基纤维素、淀粉等配成混悬液或糊状物等。受试物应现用现配,有资料表明其溶液或混悬液储存稳定者除外。应每日在同一时间灌胃1次,每周称体重两次,根据体重调整灌胃体积。灌胃体积一般不超过10 mL/kg体重,如为水溶液时,最大灌胃体积可达20 mL/kg体重;如为油性液体,灌胃体积应不超过4 mL/kg体重;各组灌胃体积一致。

4.4.1.4 受试物掺入饲料或饮水给予,要将受试物与饲料(或饮水)充分混匀并保证该受试物配制的稳定性和均一性,以不影响动物摄食、营养平衡和饮水量为原则,受试物掺入饲料比例一般小于质量分数5%,若超过5%时(最大不应超过10%),调整对照组饲料营养素水平(若受试物无热量或营养成分,且添加比例大于5%时,对照组饲料应填充甲基纤维素等,掺入量等同高剂量),使其与剂量组饲料营养素水平保持一致;亦可视受试物热量或营养成分的状况调整剂量组饲料营养素水平,使其与对照组饲料营养素水平保持一致。受试物剂量单位是每千克体重所摄入受试物的毫克(或克)数,即mg/kg体重(或g/kg体重),当受试物掺入饲料其剂量单位亦可表示为mg/kg(或g/kg)饲料,掺入饮水则表示为mg/mL水。受试物掺入饲料时,需将受试物剂量(mg/kg体重)按动物每100 g体重的摄食量折算为受试物饲料浓度(mg/kg饲料)。

4.4.2 试验方法

选用断乳后7周~9周的F0代雌、雄鼠,适应3 d~5 d后开始给予受试物,至交配前至少持续10周。交配结束后,对F0代雄鼠进行剖检。在3周交配期、妊娠期,直到子代F1断乳整个试验期间,F0代雌鼠每天给予受试物。F1代仔鼠断乳后,给予受试物,并一直延续直到F2代断乳。试验期间根据受试物的代谢和蓄积特性,可适当调整给予剂量(试验程序见表1)。

表1 大鼠生殖发育试验程序

试验周期	亲代(F0)	子一代(F1)	子二代(F2)
第1周至第10周末	给予受试物	—	—
第11周至第13周末	交配(给予受试物)	—	—
第14周至第16周末	妊娠期给予受试物,妊娠结束后处死雄鼠	—	—
第17周至第19周末	哺乳期给予受试物,哺乳结束后处死雌鼠	出生后4 d,每窝调整为8只仔鼠,进行仔鼠生理发育观察	—
第20周至第29周末	—	给予受试物	—
第30周至第32周末	—	交配(给予受试物)	—
第33周至第35周末	—	妊娠期给予受试物,妊娠结束后处死雄鼠	—
第36周至第38周末	—	哺乳期给予受试物,哺乳结束后处死雌鼠	出生后4 d,每窝调整为8只仔鼠,进行仔鼠生理发育观察
第39周至试验结束	—	—	仔鼠生理发育观察 仔鼠神经行为检测

4.4.3 交配

4.4.3.1 生殖发育毒性试验可用1∶1(1雄∶1雌)或1∶2(1雄∶2雌)交配。

4.4.3.2 每次交配时,每只雌鼠应与从同一受试物组随机选择的单只雄鼠同笼(1∶1交配),配对同笼的雌、雄鼠应作标记。所有雌鼠在交配期应每天检查精子或阴栓,直到证明已交配为止,并在证明已交配后尽快将雌、雄鼠分开。查到精子或阴栓的当天为受孕0 d。

4.4.3.3 子代F1大鼠鼠龄13周才可交配。对子代F1的交配,同一受试物组中每窝随机选择与另一窝仔鼠1∶1交叉交配产生子代F2。参与交配的仔鼠,每窝雌、雄至少各有1只,且应随机抽出,而不应按体重选择。没有被选中的F1代雌性和雄性仔鼠至F2代仔鼠断乳时处死。

4.4.3.4 如果经过3个发情期或两周仍未交配成功,应将交配的雌、雄鼠分开,不再继续同笼。同时应对不育的动物进行检查,分析其原因。另外,也可将未成功交配的动物与证实过生育功能正常的动物重新配对,并在需要时进行生殖器官的病理组织学、发情周期和精子发生周期的检查。

4.4.3.5 由于受试物的毒性作用导致窝仔鼠数目无法达到试验要求,或在第一次交配过程中观察到可疑的变化和结果时,可进行亲代(F0代)或子一代大鼠(F1代)的第二次交配。第二次交配时,推荐使用未交配的雌(雄)大鼠与已交配过的雄(雌)大鼠进行。第二次交配一般在第一次交配所产幼鼠断乳后1周进行。

4.4.4 每窝仔鼠数量的标准化

F0和F1代母鼠妊娠和哺乳期间给予受试物,断乳期结束后处死。F1代仔鼠出生后第4天,采用随机的方式(而不是以体重为依据),将每窝仔鼠数目进行调整,剔除多余的仔鼠,达到每窝仔鼠性别和数目的统一。每窝尽可能选4只雄鼠和4只雌鼠,也可根据实际情况进行部分调整,但每窝应不少于8只幼鼠。F2代仔鼠按照同样的方式进行调整。

5 观察指标

5.1 对实验动物做全面的临床检查,记录受试物毒性作用所产生的体症、相关的行为改变、分娩困难或延迟的迹象等所有的毒性指征及死亡率。

5.2 交配期间应检查雌鼠(F0和F1代)的阴道和子宫颈,判断雌鼠的发情周期有无异常。

5.3 交配前和交配期,实验动物摄食量可每周记录一次,而妊娠期间可考虑逐日记录。如受试物通过掺入饮水方式给予,则需每周计算一次饮水消耗量。产仔后,母鼠的摄食量也应记录,时间可选择与每窝仔鼠称量体重时同时进行。

5.4 F0和F1代参与生殖的动物应在给予受试物的第1天进行称重,以后每周称量体重一次,逐只记录。

5.5 试验结束时,选取F0和F1代雄鼠的附睾,进行精子形态、数量以及活动能力的观察和评价。可先选择对照组和高剂量组的动物进行检查,每只动物至少检查200个精子。如检查结果有提示,则进一步对低、中剂量组动物进行检查。

5.6 为确定每窝仔鼠数量、性别、死胎数、活胎数和是否有外观畸形,每窝仔鼠应在母鼠产仔后尽快对其进行检查。死胎、哺乳期间死亡的仔鼠以及产后第4天由于窝标准化而需处死的仔鼠的尸体,均需妥善保存并做病理学检查。

5.7 对明显未孕的动物,可处死后取其子宫,采用硫化铵染色等方法检查着床数,以证实胚胎是否在着床前死亡。

5.8 存活的仔鼠在出生后的当天上午、第4天、第7天、第14天和第21天分别进行计数和体重称量,并观察和记录母鼠及子代生理和活动是否存在异常。

5.9　以窝为单位，检查并记录全部F1代仔鼠生理发育指标，建议选择断乳前耳廓分离、睁眼、张耳、出毛、门齿萌出时间，以及断乳后雌性阴道张开和雄性睾丸下降的时间等。具体观察时间和频次可根据试验所用大鼠品系特点确定(见表2)。

表2　F1代仔鼠生理发育指标

生理发育指标	观察时间和频次		
	断乳前	断乳后至性成熟	性成熟后
体重、临床表现	每1周一次	每两周一次	每两周一次
脑重	出生后第11天		试验结束
性成熟	—	适当时间	—
其他发育指标	相应的适当时间	—	—

5.10　各试验剂量组随机选取一定数目、标记明确的F2代仔鼠，分别进行相关生理发育和神经行为指标测定。检测的生理发育、神经行为指标以及相应的实验动物数目见表3，其中生理发育指标检查时间和频次同F1代仔鼠。神经行为发育指标的检测分别于F2仔鼠出生后第25天±2 d和第60天左右进行。在这两个发育阶段所采用的认知能力试验方法有所区别，建议选择有针对性、敏感的认知能力试验方法。如果有资料提示受试物可能对认知能力有影响，需要进一步的进行感觉功能、运动功能的检测，并可根据文献报道和前期的研究结果有针对性地选择相关学习和记忆检测方法。如果无上述信息的提供，推荐使用主动回避试验、被动回避试验以及Morris水迷宫试验等作为试验方法。

表3　F2代仔鼠生理和神经行为发育指标

各受试物组每窝选用仔鼠数目/只		各项发育指标实际使用仔鼠数目/只		发育指标
雄	雌	雄	雌	
1	1	20	20	个体运动行为能力的测定
		10	10	出生后11 d，对仔鼠大脑称重并进行神经病理学检查
1	1	20	20	进行详细的临床观察并记录、自主活动的观察、性成熟的观察、运动和感觉功能的测定
		10	10	出生后70 d，对成年仔鼠大脑称重并进行神经病理学检查
1	1	10	10	出生后23 d起，对仔鼠进行学习记忆能力的测定
		10	10	出生后70 d，对成年仔鼠大脑称重
1	1	20	20	出生后21 d处死

5.11　必要时结合受试物的特点开展其他的临床检测。

6　病理学检查

6.1　生殖毒性病理学检查

6.1.1　大体解剖

生殖发育毒性试验过程中，处死的或死亡的所有成、仔鼠均需进行大体病理解剖，观察包括生殖器官在内的脏器是否存在病变或结构异常。

6.1.2 器官称量

在大体解剖的基础上应对子宫及卵巢、睾丸及附睾、前列腺、精囊腺、脑、肝脏、肾、脾、脑垂体、甲状腺和肾上腺等重要的器官进行称量，并记录。

6.1.3 组织病理学检查

用于交配和发育毒性检测的F0和F1代动物，保留其卵巢、子宫、子宫颈、阴道、睾丸、副睾、精囊腺、前列腺、阴茎以及可能的靶器官进行组织病理学检查。雄鼠还应判断精子的数量是否改变，是否出现精子畸形。大体解剖中显示病变的组织应做组织病理学检查，建议对怀疑不育的动物的生殖器官做组织病理学检查。

此外可先对最高剂量受试物组和对照组的动物标本以及剖检中发现有异常的标本进行组织病理学检查。如最高剂量受试物组没有发现有意义的病理改变，其他剂量受试物组的标本可不必再进行病理检查。反之，若最高剂量受试物组发现有意义的病理改变，则其他剂量受试物组相关的标本也应做进一步的检查。

6.2 神经发育毒性病理学检查

于F2代仔鼠出生后第11天和第70天，分别进行相关仔鼠的神经病理学检查。可先进行高剂量受试物组和对照组的检查，如发现有意义的神经病理改变，再继续进行中、低剂量受试物组的检查。神经发育毒性病理检查建议观察嗅球、大脑皮层、海马、基底神经节、丘脑、下丘脑、中脑、脑干以及小脑等组织。

7 数据处理和结果评价

7.1 数据处理

将所有的数据和结果以表格形式进行总结，数据可以用表格进行统计，表中应显示每组的实验动物数、交配的雄性动物数、受孕的雌性动物数、各种毒性反应及其出现动物百分数。生殖、生理发育指标数据，应以窝为单位统计。神经发育毒性以及病理检查等结果应以适当的方法进行统计学分析。计量资料采用方差分析，进行多个试验组与对照组之间均数比较，分类资料采用Fisher精确分布检验、卡方检验、秩和检验，等级资料采用Ridit分析、秩和检验等。

7.2 结果评价

逐一比较受试物组动物与对照组动物观察指标和病理学检查结果是否有显著性差异，以评定受试物有无生殖发育毒性，并确定其生殖发育毒性的最小观察到有害作用剂量(LOAEL)和未观察到有害作用剂量(NOAEL)。同时还可根据出现统计学差异的指标(如体重、生理指标、大体解剖和病理组织学检查结果等)，进一步估计生殖发育毒性的作用特点。

8 试验报告

8.1 试验名称、试验单位名称和联系方式、报告编号。

8.2 试验委托单位名称和联系方式、样品受理日期。

8.3 试验开始和结束日期、试验项目负责人、试验单位技术负责人、签发日期。

8.4 试验摘要。

8.5 受试物:名称、批号、剂型、状态(包括感官、性状、包装完整性、标识)、数量、前处理方法、溶媒。

8.6 实验动物:物种、品系、级别、数量、体重、性别、来源(供应商名称、实验动物生产许可证号),动物检疫、适应情况,饲养环境(温度、相对湿度、实验动物设施使用许可证号),饲料来源(供应商名称、实验动物饲料生产许可证号)。

8.7 试验方法:试验分组、每组动物数、剂量选择依据、受试物给予途径及期限、观察指标、统计学方法。

8.8 试验结果:

a) 按性别和受试物组分别记录的毒性反应,包括生殖、妊娠和发育能力的异常;
b) 试验期间动物死亡的时间或实验动物是否生存到试验结束;
c) 每窝仔鼠的体重和仔鼠的平均体重,以及试验后期单只仔鼠的体重;
d) 任何有关生殖,仔鼠及其生长发育的毒性和其他健康损害效应;
e) 观察到的各种异常症状的出现时间和持续过程;
f) 亲代(F0)和选作交配的子代动物的体重数据;
g) F2 代仔鼠生理发育指标达标的时间;
h) F2 代仔鼠个体神经行为发育指标检查结果;
i) F2 代仔鼠学习和记忆功能指标的测试结果;
j) 病理大体解剖的发现;
k) 病理组织学检查结果的详细描述;
l) 结果的统计处理。

8.9 试验结论:受试物生殖发育毒性作用的特点,剂量-反应关系。并得出对各代经口生殖发育毒性的NOAEL和(或)LOAEL结论等。

9 试验的解释

生殖毒性试验检验动物经口重复暴露于受试物产生的对F0和F1代雄性和雌性生殖功能的损害及对F2代的功能发育的影响,并从剂量-效应和剂量-反应关系的资料,得出生殖发育毒性作用的LOAEL和NOAEL。试验结果应该结合亚慢性试验、致畸试验、生殖毒性试验、毒物动力学及其他试验结果综合解释。由于动物和人存在物种差异,故试验结果外推到人存在一定的局限性,但也能为初步确定人群的允许接触水平提供有价值的信息。

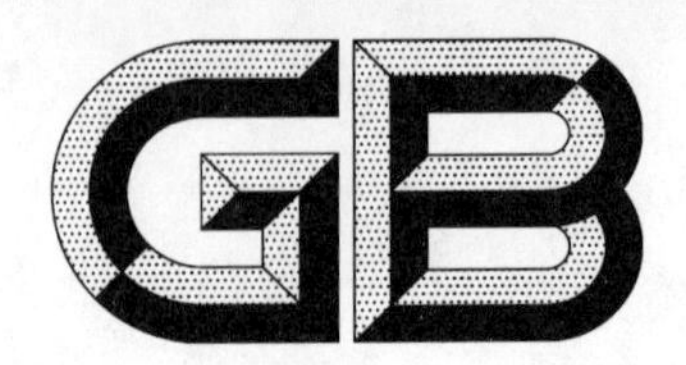

中华人民共和国国家标准

GB 15193.26—2015

食品安全国家标准
慢性毒性试验

2015-08-07 发布 2015-10-07 实施

中华人民共和国
国家卫生和计划生育委员会 发布

食品安全国家标准
慢性毒性试验

1 范围

本标准规定了慢性毒性试验的基本试验方法和技术要求。

本标准适用于评价受试物的慢性毒性作用。

2 术语和定义

2.1 慢性毒性

实验动物经长期重复给予受试物所引起的毒性作用。

2.2 未观察到有害作用剂量

通过动物试验，以现有的技术手段和检测指标未观察到任何与受试物有关的毒性作用的最大剂量。

2.3 最小观察到有害作用剂量

在规定的条件下，受试物引起实验动物组织形态、功能、生长发育等有害效应的最小作用剂量。

2.4 靶器官

实验动物出现由受试物引起明显毒性作用的器官。

2.5 卫星组

毒性研究设计和实施中外加的动物组，其处理和饲养条件与主要研究的动物相似，用于试验中期或试验结束恢复期观察和检测，也可用于不包括在主要研究内的其他指标及参数的观察和检测。

3 试验目的和原理

确定实验动物长期经口重复给予受试物引起的慢性毒性效应，了解受试物剂量-反应关系和毒性作用靶器官，确定未观察到有害作用剂量（NOAEL）和最小观察到有害作用剂量（LOAEL），为预测人群接触该受试物的慢性毒性作用及确定健康指导值提供依据。

4 仪器和试剂

4.1 仪器与器械

实验室常用解剖器械、动物天平、电子天平、生物显微镜、生化分析仪、血细胞分析仪、血液凝固分析仪、尿液分析仪、离心机、切片机等。

4.2 试剂

甲醛、二甲苯、乙醇、苏木素、伊红、石蜡、血球稀释液、生化试剂、血凝分析试剂、尿分析试剂等。

5 试验方法

5.1 受试物

受试物应使用原始样品，若不能使用原始样品，应按照受试物处理原则对受试物进行适当处理。将受试物掺入饲料、饮用水或灌胃给予。

5.2 实验动物

5.2.1 动物选择

实验动物的选择应符合国家标准和有关规定（GB 14923、GB 14922.1、GB 14922.2）。啮齿类动物首选大鼠，非啮齿类动物首选犬。大鼠推荐周龄 6 周～8 周，试验开始时每个性别动物体重差异不应超过平均体重的±20%。每组动物数至少 40 只，雌雄各半，雌鼠应为非经产鼠、非孕鼠。若计划试验中期剖检或试验结束做恢复期的观察（卫星组），应增加动物数（中期剖检每组至少 20 只，雌雄各半；卫星组通常仅增加对照组和高剂量组，每组至少 20 只，雌雄各半）。犬应选用月龄不超过 9 个月的幼犬（通常月龄选用 4 个月～6 个月），试验开始时每个性别动物体重差异不应超过平均体重的±20%，每组动物数至少 8 只，雌雄各半，雌犬应为非经产犬、非孕犬。若计划试验中期剖检或试验结束做恢复期的观察，应增加动物数（对照组和高剂量组各增加 4 只，雌雄各半）。对照组动物性别和数量应与受试物组相同。

5.2.2 动物准备

试验前动物在实验动物房至少应进行 3 d～5 d（犬 7 d～14 d）的环境适应和检疫观察。

5.2.3 动物饲养

实验动物饲养条件、饮用水、饲料应符合国家标准和有关规定（GB 14925、GB 5749、GB 14924.1、GB 14924.2、GB 14924.3）。试验期间动物自由饮水和摄食，可按组分性别分笼群饲，每笼动物数（一般大鼠不超过 3 只）应满足实验动物最低需要的空间，以不影响动物自由活动和观察动物的体征为宜。试验期间每组动物非试验因素死亡率应小于 10%，濒死动物应尽可能进行血液生化指标检测、大体解剖以及病理组织学检查，每组生物标本损失率应小于 10%。

5.3 剂量及分组

5.3.1 试验至少设 3 个受试物组，1 个阴性（溶媒）对照组，对照组除不给予受试物外，其余处理均同受试物组。必要时增设未处理对照组。

5.3.2 高剂量应根据 90 天经口毒性试验确定，原则上应使动物出现比较明显的毒性反应，但不引起过高死亡率；低剂量不引起任何毒性作用；中剂量应介于高剂量与低剂量之间，可引起轻度的毒性作用，以得出剂量-反应关系、NOAEL 和（或）LOAEL。一般剂量的组间距以 2 倍～4 倍为宜，不超过 10 倍。

5.4 试验期限

试验期限至少 12 个月。卫星组监测由受试物引起的任何毒性改变的可逆性、持续性或延迟性作用，停止给受试物后观察期限不少于 28 d，不多于试验期限的 1/3。

5.5 试验步骤和观察指标

5.5.1 受试物给予

5.5.1.1 根据受试物的特性和试验目的，选择受试物掺入饲料、饮水或灌胃方式给予。若受试物影响动物适口性,应灌胃给予。

5.5.1.2　受试物灌胃给予,要将受试物溶解或悬浮于合适的溶媒中,首选溶媒为水,不溶于水的受试物可使用植物油(如橄榄油、玉米油等),不溶于水或油的受试物可使用羧甲基纤维素、淀粉等配成混悬液或糊状物等。受试物应现用现配,有资料表明其溶液或混悬液储存稳定者除外。同时应考虑使用的溶媒可能对受试物被机体吸收、分布、代谢和蓄积的影响;对受试物理化性质的影响及由此而引起的毒性特征的影响;对动物摄食量或饮水量或营养状况的影响。为保证受试物在动物体内浓度的稳定性,每日同一时段灌胃1次(每周灌胃6 d),试验期间,前4周每周称体重两次,第5周～第13周每周称体重1次,之后每4周称体重1次,按体重调整灌胃体积。啮齿类动物灌胃体积一般不超过10 mL/kg体重,犬15 mL/kg体重;如为油性液体,灌胃体积应不超过4 mL/kg体重。各组灌胃体积一致。

5.5.1.3　受试物掺入饲料或饮水给予,要将受试物与饲料(或饮水)充分混匀并保证该受试物配制的稳定性和均一性,以不影响动物摄食、营养平衡和饮水量为原则。饲料中加入受试物的量很少时,宜先将受试物加入少量饲料中充分混匀后,再加入一定量饲料后再混匀,如此反复3次～4次。受试物掺入饲料比例一般小于质量分数5%,若超过5%时(最大不应超过10%),可调整对照组饲料营养素水平(若受试物无热量或营养成分,且添加比例大于5%时,对照组饲料应填充甲基纤维素等,掺入量等同高剂量),使其与受试物各剂量组饲料营养素水平保持一致,同时增设未处理对照组;亦可视受试物热量或营养成分的状况调整剂量组饲料营养素水平,使其与对照组饲料营养素水平保持一致。受试物剂量单位是每千克体重所摄入受试物的毫克(或克)数,即mg/kg体重(或g/kg体重),当受试物掺入饲料,其剂量单位亦可表示为mg/kg(或g/kg)饲料,掺入饮水则表示为mg/mL水。受试物掺入饲料时,需将受试物剂量(mg/kg体重)按动物每100 g体重的摄食量折算为受试物饲料浓度(mg/kg饲料)。

5.5.2　一般观察

5.5.2.1　试验期间至少每天观察1次动物的一般临床表现,并记录动物出现中毒的体征、程度和持续时间及死亡情况。观察内容包括被毛、皮肤、眼、黏膜、分泌物、排泄物、呼吸系统、神经系统、自主活动(如:流泪、竖毛反应、瞳孔大小、异常呼吸)及行为表现(如步态、姿势、对处理的反应、有无强直性或阵挛性活动、刻板反应、反常行为等)。

5.5.2.2　如有肿瘤发生,记录肿瘤发生时间、发生部位、大小、形状和发展等情况。

5.5.2.3　对濒死和死亡动物应及时解剖并尽量准确记录死亡时间。

5.5.3　体重、摄食量及饮水量

试验期间前13周每周记录动物体重、摄食量和饮水量(当受试物经饮水给予时),之后每4周1次;选择犬进行试验时应每周记录体重、摄食量和饮水量(当受试物经饮水给予时)。试验结束时,计算动物体重增长量、总摄食量、食物利用率(前3个月,啮齿类动物)、总食物利用率(非啮齿类动物)、受试物总摄入量。

5.5.4　眼部检查

试验前,对动物进行眼部检查(角膜、球结膜、虹膜)。试验结束时,对高剂量组和对照组动物进行眼部检查,若发现高剂量组动物有眼部变化,则应对其他组动物进行检查。

5.5.5　血液学检查

5.5.5.1　试验第3个月、第6个月和第12个月及试验结束时(试验期限为12个月以上时),每组至少检查雌雄各10只动物,每次检查应尽可能使用同一动物;选择犬进行试验时,增加试验第9个月这个时间

点。如果 90 天经口毒性试验的剂量水平相当且未见任何血液学指标改变，则试验第 3 个月可不检查。

5.5.5.2 检查指标为白细胞计数及分类（至少三分类）、红细胞计数、血小板计数、血红蛋白浓度、红细胞压积、红细胞平均容积（MCV）、红细胞平均血红蛋白量（MCH）、红细胞平均血红蛋白浓度（MCHC）、凝血酶原时间（PT）、活化部分凝血活酶时间（APTT）等。如果对造血系统有影响，应加测网织红细胞计数和骨髓涂片细胞学检查。

5.5.6 血生化检查

5.5.6.1 按 5.5.5.1 规定的时间和动物数进行。如果 90 天经口毒性试验的剂量水平相当且未见任何血生化指标改变，则试验第 3 个月可不检查。采血前宜将动物禁食过夜。

5.5.6.2 检查指标包括电解质平衡、糖、脂和蛋白质代谢、肝（细胞、胆管）肾功能等方面。至少包含丙氨酸氨基转移酶（ALT）、门冬氨酸氨基转移酶（AST）、碱性磷酸酶（ALP）、谷氨酰转肽酶（GGT）、尿素（Urea）、肌酐（Cr）、血糖（Glu）、总蛋白（TP）、白蛋白（Alb）、总胆固醇（TC）、甘油三酯（TG）、钙、氯、钾、钠、总胆红素等，必要时可检测磷、尿酸（UA）、总胆汁酸（TBA）、球蛋白、胆碱酯酶、山梨醇脱氢酶、高铁血红蛋白、特定激素等指标。

5.5.7 尿液检查

5.5.7.1 试验第 3 个月、第 6 个月和第 12 个月及试验结束时（试验期限为 12 个月以上时）对所有动物进行尿液检查；选择犬进行试验时，增加试验第 9 个月这个时间点。如果 90 天经口毒性试验的剂量水平相当且未见任何尿液检查结果异常，则试验第 3 个月可不检查。

5.5.7.2 检查项目包括外观、尿蛋白、相对密度、pH、葡萄糖和潜血等，若预期有毒反应指征，应增加尿液检查的有关项目如尿沉渣镜检、细胞分析等。

5.5.8 体温、心电图检查

犬试验前、试验第 3 个月、第 6 个月和第 12 个月及试验结束时（试验期限为 12 个月以上时）应进行体温、心电图检查。

5.5.9 病理检查

5.5.9.1 大体解剖

所有实验动物，包括试验过程中死亡或濒死而处死的动物及试验期满处死的动物都应进行解剖和全面系统的肉眼观察，包括体表、颅、胸、腹腔及其脏器，并称量脑、心脏、肝脏、肾脏、脾脏、子宫、卵巢、睾丸、附睾、胸腺、肾上腺的绝对重量，计算相对重量[脏/体比值和（或）脏/脑比值]，必要时还应选择其他脏器，如甲状腺（包括甲状旁腺）、前列腺等。

5.5.9.2 组织病理学检查

5.5.9.2.1 组织病理学检查的原则：

a) 可以先对高剂量组和对照组动物所有固定保存的器官和组织进行组织病理学检查；
b) 发现高剂量组病变后再对较低剂量组相应器官和组织进行组织病理学检查；
c) 试验过程中死亡或濒死而处死的动物，应对全部保存的组织和器官进行组织病理学检查；
d) 对大体解剖检查肉眼可见的病变器官和组织进行组织病理学检查；
e) 成对的器官，如肾、肾上腺，两侧器官均应进行组织病理学检查。

5.5.9.2.2 应固定保存以供组织病理学检查的器官和组织包括唾液腺、食管、胃、十二指肠、空肠、回肠、盲肠、结肠、直肠、肝脏、胰腺、胆囊(非啮齿类动物)、脑(包括大脑、小脑和脑干)、垂体、坐骨神经、脊髓(颈、胸和腰段)、眼(眼部检查发现异常时,非啮齿类动物)、视神经(非啮齿类动物)、肾上腺、甲状旁腺、甲状腺、胸腺、气管、肺、主动脉、心脏、骨髓、淋巴结、脾脏、肾脏、膀胱、前列腺、睾丸、附睾、子宫、卵巢、乳腺等。必要时可加测精囊腺和凝固腺、副泪腺(啮齿类动物)、任氏腺(啮齿类动物)、鼻甲、子宫颈、输卵管、阴道、骨、肌肉、皮肤和眼(啮齿类动物)等组织器官。应有组织病理学检查报告,病变组织给出病理组织学照片。

5.5.10 其他指标

必要时,根据受试物的性质及所观察的毒性反应,增加其他指标(如神经毒性、免疫毒性、内分泌毒性指标)。

6 数据处理和结果评价

6.1 数据处理

6.1.1 应将所有的数据和结果以表格形式进行总结,列出各组试验开始前的动物数、试验期间动物死亡数及死亡时间、出现毒性反应的动物数,描述所见的毒性反应,包括出现毒效应的时间、持续时间及程度。

6.1.2 对动物体重、摄食量、饮水量(受试物经饮水给予)、食物利用率、血液学指标、血生化指标、尿液检查指标、脏器重量、脏/体比值和(或)脏/脑比值、大体和组织病理学检查等结果进行统计学分析。一般情况,计量资料采用方差分析,进行受试物各剂量组与对照组之间均数比较,分类资料采用 Fisher 精确分布检验、卡方检验、秩和检验,等级资料采用 Ridit 分析、秩和检验等。

6.2 结果评价

结果评价应包括受试物慢性毒性的表现、剂量-反应关系、靶器官、可逆性,得出慢性毒性相应的 NOAEL 和(或)LOAEL。

7 报告

7.1 试验名称、试验单位名称和联系方式、报告编号。

7.2 试验委托单位名称和联系方式、样品受理日期。

7.3 试验开始和结束日期、试验项目负责人、试验单位技术负责人、签发日期。

7.4 试验摘要。

7.5 受试物:名称、批号、剂型、状态(包括感官、性状、包装完整性、标识)、数量、前处理方法、溶媒。

7.6 实验动物:物种、品系、级别、数量、体重、周龄、性别、来源(供应商名称、实验动物生产许可证号),动物检疫、适应情况,饲养环境(温度、相对湿度、实验动物设施使用许可证号),饲料来源(供应商名称、实验动物饲料生产许可证号)。

7.7 试验方法:试验分组、每组动物数、剂量选择依据、受试物给予途径及期限、观察指标、统计学方法。

7.8 试验结果:动物生长活动情况、毒性反应特征(包括出现的时间和转归)、体重增长、摄食量、饮水量(受试物经饮水给予)、食物利用率、临床观察(毒性反应体征、程度、持续时间,存活情况)、眼部检查、血液学检查、血生化检查、尿液检查、心电图、大体解剖、脏器重量、脏/体比值和(或)脏/脑比值、病理组织学检查、神经毒性或免疫毒性检查结果。如受试物经掺入饲料或掺入饮水给予,报告各剂量组实际摄入剂量。

7.9 试验结论:受试物长期经口毒效应,剂量-反应关系、靶器官和可逆性,确定慢性毒性 NOAEL 和(或)LOAEL 结论等。

8 试验的解释

慢性毒性 NOAEL 和 LOAEL 能为确定人群的健康指导值提供有价值的信息。

中华人民共和国国家标准

GB 15193.27—2015

食品安全国家标准
致癌试验

2015-08-07 发布　　2015-10-07 实施

中华人民共和国
国家卫生和计划生育委员会　发布

食品安全国家标准
致癌试验

1 范围

本标准规定了致癌试验的基本试验方法和技术要求。

本标准适用于评价受试物的致癌性作用。

2 术语和定义

2.1 致癌性

实验动物长期重复给予受试物所引起的肿瘤(良性和恶性)病变发生。

2.2 靶器官

实验动物出现由受试物引起明显毒性作用的器官。

2.3 最大耐受剂量

由 90 天经口毒性试验确定的剂量,此剂量应使动物体重减轻不超过对照组的 10%,并且不产生由非肿瘤因素引起的死亡及导致缩短寿命的中毒体征或病理损伤。

2.4 卫星组

毒性研究设计和实施中外加的动物组,其处理和饲养条件与主要研究的动物相似,用于试验中期或试验结束恢复期观察和检测,也可用于不包括在主要研究内的其他指标及参数的观察和检测。

3 试验目的和原理

确定在实验动物的大部分生命期间,经口重复给予受试物引起的致癌效应,了解肿瘤发生率、靶器官、肿瘤性质、肿瘤发生时间和每只动物肿瘤发生数,为预测人群接触该受试物的致癌作用以及最终评定该受试物能否应用于食品提供依据。

4 仪器和试剂

4.1 仪器与器械

实验室常用解剖器械、动物天平、电子天平、生物显微镜、生化分析仪、血细胞分析仪、血液凝固分析仪、尿液分析仪、离心机、切片机等。

4.2 试剂

甲醛、二甲苯、乙醇、苏木素、伊红、石蜡、血球稀释液、生化试剂、血凝分析试剂、尿分析试剂等。

5 试验方法

5.1 受试物

受试物应使用原始样品，若不能使用原始样品，应按照受试物处理原则对受试物进行适当处理。将受试物掺入饲料、饮用水或灌胃给予。

5.2 实验动物

5.2.1 动物选择

实验动物的选择应符合国家标准和有关规定(GB 14923、GB 14922.1、GB 14922.2)。应选择肿瘤自发率低的动物种属和品系，可选用大鼠、小鼠，一般 6 周龄～8 周龄。试验开始时每个性别动物体重差异不应超过平均体重的±20%。每组动物数至少 100 只，雌雄各半，雌鼠应为非经产鼠、非孕鼠。若计划试验中期剖检(卫星组)，应增加动物数(每组至少 20 只，雌雄各半)。对照组动物性别和数量应与受试物组相同。

5.2.2 动物准备

试验前动物在实验动物房至少应进行 3 d～5 d 的环境适应和检疫观察。

5.2.3 动物饲养

实验动物饲养条件、饮用水、饲料应符合国家标准和有关规定(GB 14925、GB 5749、GB 14924.1、GB 14924.2、GB 14924.3)。试验期间动物自由饮水和摄食，可按组分性别分笼群饲，每笼动物数(一般大鼠不超过 3 只，小鼠不超过 5 只)应满足实验动物最低需要的空间，以不影响动物自由活动和观察动物的体征为宜。试验期间每组动物非试验因素死亡率应小于 10%，濒死动物应尽可能进行血液生化指标检测、大体解剖以及病理组织学检查，每组生物标本损失率应小于 10%。

5.3 剂量及分组

5.3.1 试验至少设 3 个受试物组，1 个阴性(溶媒)对照组，对照组除不给予受试物外，其余处理均同受试物组。必要时增设未处理对照组。

5.3.2 高剂量应选择最大耐受剂量，原则上应使动物出现比较明显的毒性反应，但不引起过高死亡率；低剂量不引起任何毒性效应；中剂量应介于高剂量与低剂量之间，可引起轻度的毒性效应。一般剂量的组间距以 2 倍～4 倍为宜，不超过 10 倍。

5.4 试验期限

5.4.1 试验期限小鼠为 18 个月，大鼠为 24 个月，个别生命期较长和自发性肿瘤率较低的动物可适当延长。

5.4.2 试验期间，当最低剂量组或对照组存活的动物数仅为开始时的 25%时(雌、雄性动物分别计算)，可及时终止试验。高剂量组动物因明显的受试物毒性作用出现早期死亡，不应终止试验。

5.5 试验步骤和观察指标

5.5.1 受试物给予

5.5.1.1 根据受试物的特性和试验目的，选择受试物掺入饲料、饮水或灌胃方式给予。若受试物影响动物适口性，应灌胃给予。

5.5.1.2 受试物灌胃给予，要将受试物溶解或悬浮于合适的溶媒中，首选溶媒为水。不溶于水的受试物可使用植物油（如橄榄油、玉米油等），不溶于水或油的受试物可使用羧甲基纤维素、淀粉等配成混悬液或糊状物等。受试物应现用现配，有资料表明其溶液或混悬液储存稳定者除外。同时应考虑使用的溶媒可能对受试物被机体吸收、分布、代谢和蓄积的影响；对受试物理化性质的影响及由此而引起的毒性特征的影响；对动物摄食量或饮水量或营养状况的影响。为保证受试物在动物体内浓度的稳定性，每日同一时段灌胃 1 次（每周灌胃 6 d），试验期间，前 4 周每周称体重 2 次，第 5 周～第 13 周每周称体重 1 次，之后每 4 周称体重 1 次，按体重调整灌胃体积。灌胃体积一般不超过 10 mL/kg 体重；如为油性液体，灌胃体积应不超过 4 mL/kg 体重。各组灌胃体积一致。

5.5.1.3 受试物掺入饲料或饮水给予，要将受试物与饲料（或饮水）充分混匀并保证该受试物配制的稳定性和均一性，以不影响动物摄食、营养平衡和饮水量为原则。饲料中加入受试物的量很少时，宜先将受试物加入少量饲料中充分混匀后，再加入一定量饲料后再混匀，如此反复 3 次～4 次。受试物掺入饲料比例一般小于质量分数 5%，若超过 5%时（最大不应超过 10%），可调整对照组饲料营养素水平（若受试物无热量或营养成分，且添加比例大于 5%时，对照组饲料应填充甲基纤维素等，掺入量等同高剂量），使其与受试物各剂量组饲料营养素水平保持一致，同时增设未处理对照组；亦可视受试物热量或营养成分的状况调整剂量组饲料营养素水平，使其与对照组饲料营养素水平保持一致。受试物剂量单位是每千克体重所摄入受试物的毫克（或克）数，即 mg/kg 体重（或 g/kg 体重），当受试物掺入饲料，其剂量单位亦可表示为 mg/kg（或 g/kg）饲料，掺入饮水则表示为 mg/mL 水。受试物掺入饲料时，需将受试物剂量（mg/kg 体重）按动物每 100 g 体重的摄食量折算为受试物饲料浓度（mg/kg 饲料）。

5.5.2 一般观察

5.5.2.1 试验期间至少每天观察 1 次动物的一般临床表现，并记录动物出现中毒的体征、程度和持续时间及死亡情况。

5.5.2.2 应特别注意肿瘤的发生，记录肿瘤发生时间、发生部位、大小、形状和发展等情况。

5.5.2.3 对濒死和死亡动物应及时解剖并尽量准确记录死亡时间。

5.5.3 体重、摄食量及饮水量

试验期间前 13 周每周记录动物体重、摄食量或饮水量（当受试物经饮水给予时），之后每 4 周 1 次。试验结束时，计算动物体重增长量、总摄食量、食物利用率（前 3 个月）、受试物总摄入量。

5.5.4 眼部检查

试验前，对动物进行眼部检查（角膜、球结膜、虹膜）。试验结束时，对高剂量组和对照组动物进行眼部检查，若发现高剂量组动物有眼部变化，则应对其他组动物进行检查。

5.5.5 血液学检查

5.5.5.1 试验第 3 个月、第 6 个月和第 12 个月进行血液学检查，必要时，试验第 18 个月和试验结束时也可进行，每组至少检查雌雄各 10 只动物，每次检查应尽可能使用同一动物。如果 90 天经口毒性试验的剂量水平相当且未见任何血液学指标改变，则试验第 3 个月可不检查。

5.5.5.2 检查指标为白细胞计数及分类（至少三分类）、红细胞计数、血小板计数、血红蛋白浓度、红细胞压积、红细胞平均容积（MCV）、红细胞平均血红蛋白量（MCH）、红细胞平均血红蛋白浓度（MCHC）、凝血酶原时间（PT）、活化部分凝血活酶时间（APTT）等。如果对造血系统有影响，应加测网织红细胞计数和骨髓涂片细胞学检查。

5.5.6 血生化检查

5.5.6.1 按 5.5.5.1 规定的时间和动物数进行。如果 90 天经口毒性试验的剂量水平相当且未见任何血

生化指标改变，则试验第3个月可不检查。采血前宜将动物禁食过夜。

5.5.6.2 检查指标包括电解质平衡、糖、脂和蛋白质代谢、肝(细胞、胆管)肾功能等方面。至少包含谷氨酸氨基转移酶(ALT)、门冬氨酸氨基转移酶(AST)、碱性磷酸酶(ALP)、谷氨酰转肽酶(GGT)、尿素(Urea)、肌酐(Cr)、血糖(Glu)、总蛋白(TP)、白蛋白(Alb)、总胆固醇(TC)、甘油三酯(TG)、钙、氯、钾、钠、总胆红素等，必要时可检测磷、尿酸(UA)、总胆汁酸(TBA)、球蛋白、胆碱酯酶、山梨醇脱氢酶、高铁血红蛋白、特定激素等指标。

5.5.7 尿液检查

5.5.7.1 试验第3个月、第6个月和第12个月进行尿液检查，必要时，试验第18个月及试验结束时也可进行，每组至少检查雌雄各10只动物。如果90天经口毒性试验的剂量水平相当且未见任何尿液检查结果异常，则试验第3个月可不检查。

5.5.7.2 检查项目包括外观、尿蛋白、相对密度、pH、葡萄糖和潜血等，若预期有毒反应指征，应增加尿液检查的有关项目如尿沉渣镜检、细胞分析等。

5.5.8 病理检查

5.5.8.1 大体解剖

所有实验动物，包括试验过程中死亡或濒死而处死的动物及试验期满处死的动物都应进行解剖和全面系统的肉眼观察，包括体表、颅、胸、腹腔及其脏器，并称量脑、心脏、肝脏、肾脏、脾脏、子宫、卵巢、睾丸、附睾、胸腺、肾上腺的绝对重量，计算相对重量[脏/体比值和(或)脏/脑比值]，必要时还应选择其他脏器，如甲状腺(包括甲状旁腺)等。

5.5.8.2 组织病理学检查

5.5.8.2.1 组织病理学检查的原则(重点检查肿瘤和癌前病变)：

a) 可以先对高剂量组和对照组动物所有固定保存的器官和组织进行组织病理学检查；
b) 发现高剂量组病变后再对较低剂量组相应器官和组织进行组织病理学检查；
c) 试验过程中死亡或濒死而处死的动物，应对全部保存的组织和器官进行组织病理学检查；
d) 对大体解剖检查肉眼可见的病变器官和组织进行组织病理学检查；
e) 成对的器官，如肾、肾上腺等，两侧器官均应进行组织病理学检查。

5.5.8.2.2 应固定保存以供组织病理学检查的器官和组织，包括唾液腺、食管、胃、十二指肠、空肠、回肠、盲肠、结肠、直肠、肝脏、胰腺、脑(包括大脑、小脑和脑干)、垂体、坐骨神经、脊髓(颈、胸和腰段)、肾上腺、甲状旁腺、甲状腺、胸腺、气管、肺、主动脉、心脏、骨髓、淋巴结、脾脏、肾脏、膀胱、前列腺、睾丸、附睾、子宫、卵巢、乳腺等。必要时可加测精囊腺和凝固腺、副泪腺、任氏腺、鼻甲、子宫颈、输卵管、阴道、骨、肌肉、皮肤和眼球等组织器官。应有组织病理学检查报告，病变组织给出病理组织学照片。

6 数据处理和结果评价

6.1 数据处理

6.1.1 应将所有的数据和结果以表格形式进行总结，列出各组试验开始前的动物数、试验期间动物死亡数及死亡时间、出现肿瘤及其他毒性反应的动物数，重点描述肿瘤发生部位、数量、性质、癌前病变及肿瘤潜伏期。

6.1.2 肿瘤发生率是整个试验结束时患肿瘤动物数在有效动物总数中所占的百分率。有效动物总数指最早发现肿瘤时存活动物总数。

肿瘤发生率的计算见式(1)：

$$肿瘤发生率=\frac{试验结束时患肿瘤动物数}{有效动物总数}\times 100\% \quad \cdots\cdots(1)$$

6.1.3 肿瘤潜伏期即从摄入受试物起到发现肿瘤的时间。因为内脏肿瘤不易觉察，通常将肿瘤引起该动物死亡的时间定为发生肿瘤的时间。

6.1.4 对动物体重、摄食量、饮水量(受试物经饮水给予)、食物利用率、血液学指标、血生化指标、尿液检查指标、脏器重量、脏/体比值和(或)脏/脑比值、大体和组织病理学检查、患肿瘤的动物数、每只动物肿瘤发生数、各种肿瘤(良性和恶性)的数量、肿瘤发生率及肿瘤潜伏期等结果进行统计学分析。一般情况，计量资料采用方差分析，进行受试物各剂量组与对照组之间均数比较，分类资料采用 Fisher 精确分布检验、卡方检验、秩和检验，等级资料采用 Ridit 分析、秩和检验等。

6.2 结果评价

6.2.1 致癌试验阴性结果确立的前提是小鼠在试验期为 15 个月或大鼠为 18 个月时，各组动物存活率不小于 50%；小鼠在试验期为 18 个月或大鼠为 24 个月时，各组动物存活率不小于 25%。

6.2.2 致癌试验阳性结果的判断采用世界卫生组织(WHO)提出的标准[WHO(1969)，Principles for the testing and evaluation of drug for carcinogenicity. WHO Techical Report Series 426]，符合以下任何一条，可判定受试物为对大鼠的致癌物：

a) 肿瘤只发生在试验组动物，对照组中无肿瘤发生；
b) 试验组与对照组动物均发生肿瘤，但试验组发生率高；
c) 试验组与对照组动物肿瘤发生率虽无明显差异，但试验组中发生时间较早；
d) 试验组动物中多发性肿瘤明显，对照组中无多发性肿瘤，或只是少数动物有多发性肿瘤。

7 报告

7.1 试验名称、试验单位名称和联系方式、报告编号。

7.2 试验委托单位名称和联系方式、样品受理日期。

7.3 试验开始和结束日期、试验项目负责人、试验单位技术负责人、签发日期。

7.4 试验摘要。

7.5 受试物：名称、批号、剂型、状态(包括感官、性状、包装完整性、标识)、数量、前处理方法、溶媒。

7.6 实验动物：物种、品系、级别、数量、体重、周龄、性别、来源(供应商名称、实验动物生产许可证号)，动物检疫、适应情况，饲养环境(温度、相对湿度、实验动物设施使用许可证号)，饲料来源(供应商名称、实验动物饲料生产许可证号)。

7.7 试验方法：试验分组、每组动物数、剂量选择依据、受试物给予途径及期限、观察指标、统计学方法。

7.8 试验结果：动物生长活动情况、毒性反应特征(包括出现的时间和转归)、体重增长、摄食量、饮水量(受试物经饮水给予)、食物利用率、临床观察(毒性反应体征、程度、持续时间，存活情况)、眼部检查、血液学检查、血生化检查、尿液检查、大体解剖、脏器重量、脏/体比值和(或)脏/脑比值、病理组织学检查、肿瘤发生部位、肿瘤数量、肿瘤性质、癌前病变、肿瘤发生率、肿瘤潜伏期检查结果。如受试物经掺入饲料或掺入饮水给予，报告各剂量组实际摄入剂量。

7.9 试验结论：受试物长期经口致癌效应和靶器官，得出致癌结论等。

8 试验的解释

由于动物和人存在种属差异，致癌试验结果外推到人或用于风险评估具有一定的局限性。